特种设备安装与检验技术研究

王　雅　佟得吉　赵濯非　主编

汕頭大學出版社

图书在版编目（CIP）数据

特种设备安装与检验技术研究 / 王雅，佟得吉，赵濯非主编. -- 汕头 ：汕头大学出版社，2021.12

ISBN 978-7-5658-4512-3

Ⅰ. ①特… Ⅱ. ①王… ②佟… ③赵… Ⅲ. ①机电设备－设备安装－研究 Ⅳ. ①TM92

中国版本图书馆CIP数据核字(2021)第241970号

特种设备安装与检验技术研究

TEZHONG SHEBEI ANZHUANG YU JIANYAN JISHU YANJIU

主　　编：王　雅　佟得吉　赵濯非

责任编辑：邹　峰

责任技编：黄东生

封面设计：大　白

出版发行：汕头大学出版社

广东省汕头市大学路243号汕头大学校园内 邮政编码：515063

电　　话：0754-82904613

印　　刷：廊坊市海涛印刷有限公司

开　　本：710mm × 1000 mm 1/16

印　　张：6.5

字　　数：100千字

版　　次：2021 年 12 月第 1 版

印　　次：2022 年 3 月第 1 次印刷

定　　价：40.00 元

ISBN 978-7-5658-4512-3

前言

特种设备是指对人身和财产安全有较大危险的锅炉、压力容器（含气瓶）、压力管道、电梯、起重机械、客运索道、大型游乐设施、场（厂）内专用机动车辆等设备设施。特种设备是一个国家经济水平的代表，是国民经济的重要基础装备。由于特种设备具有潜在较大危险性，若使用不当，可能发生事故，因此世界上多数国家对其实施严格监管。随着我国各个地区经济的飞速发展，对特种设备的需求量也日益增多，为了保障特种设备的质量和使用安全，减少因特种设备而发生的事故，除了做好安全安装工作以外，最重要的就是对特种设备检测检验工作。

本书注重理论与实际相结合，全面概括了特种设备的实用安装与检验技术。全书在内容安排上共设置四章。第一章是特种设备概述，内容包括特种设备的主要类型、特种设备安全与节能形势、我国特种设备的发展现状与展望；第二、三章剖析常见特种设备及其安装技术，主要包括锅炉、压力容器、压力管道、起重机械、电梯、客运索道、大型游乐设施；第四章围绕特种设备检验概述、特种设备检验检测与机构分析、特种设备的监督检验与定期检验、特种设备检验的数字化推广应用不同方面探讨特种设备检验与相关技术运用。全书集思想性、科学性、知识性、实用性于一体，并具有知识面宽、信息量大、针对性强、应用面广的特点。

笔者在撰写本书的过程中，得到了许多专家学者的帮助和指导，在此表示诚挚的谢意。由于笔者水平有限，加之时间仓促，书中所涉及的内容难免有疏漏之处，希望各位读者多提宝贵意见，以便笔者进一步修改，使之更加完善。

目 录

第一章　特种设备概述

第一节　特种设备的主要类型

一、特种设备的概念界定

特种设备是指对人身和财产安全有较大危险性的锅炉、压力容器（含气瓶）、压力管道、电梯、起重机械、客运索道、大型游乐设施、场（厂）内专用机动车辆，以及法律、行政法规规定适用《中华人民共和国特种设备安全法》（以下简称《特种设备安全法》）的其他特种设备。

特种设备是我国的一个专有名词。国际上虽然对锅炉、压力容器、压力管道、电梯、起重机械、客运索道、大型游乐设施、场（厂）内专用机动车辆等设备进行安全监督管理，但是还没有形成特种设备的统一概念[①]。

按照特种设备所包含的 8 类设备的特点，可将特种设备划分为承压类特种设备和机电类特种设备。承压类特种设备包括锅炉、压力容器（含气瓶）、压力管道；机电类特种设备包括电梯、起重机械、客运索道、大型游乐设施、场（厂）内专用机动车辆。

特种设备是经济发展的重要基础设备，是一个国家的经济发展水平的标志之一。

特种设备具有在高温、高压、高速条件下运行的特点，是人民群众生产和生活中广泛使用的具有潜在危险的设备，有的在高温高压下工作，有的盛装易燃、易爆、有毒介质，有的在高空、高速下运行，一旦发生事故，会造成严重人身伤亡及重大财产损失。对此，世界各国政府十分重视其安全，不断探索、寻找解决办法，对这类设备、设施均实行特殊监管，以保障安全。

二、特种设备的分类

根据《特种设备安全法》规定，我国将特种设备分为：锅炉、电梯、起重设备、压力容器（含气瓶）、压力管道、场（厂）内专用机动车辆、客运索道、大型游乐设施。

锅炉：利用各种燃料、电或者其他能源，将所盛装的液体加热到安全使用所要求的参数，并对外输出热能的设备。其范围规定为：容积≥ 30 L 的承压蒸汽锅炉；出口水压≥ 0.1 MPa（表压），且额定功率≥ 0.1 MW 的承压热水锅炉；有机热载体锅炉。

---

①　文应财.特种设备安全管理[M].贵阳：贵州科技出版社，2017.

电梯：动力驱动，利用沿刚性导轨运行的箱体或者沿固定线路运行的梯级（踏步），进行升降或者平行运送人、货物的机电设备，包括载人(货)电梯、自动扶梯、自动人行道等。

起重机械：用于垂直升降或者垂直升降并水平移动重物的机电设备。其范围规定为：额定起重量多 0.5 t 的升降机；额定起重量多 1 t，且提升高度多 2 m 的起重机和承重形式固定的电动葫芦等。

压力容器：盛装气体或者液体，承载一定压力的密闭设备。其范围规定为：最高工作压力≥ 0.1 MPa（表压），且压力与容积的乘积≥ 2.5 MPa•L 的气体、液化气体和最高工作温度多标准沸点的液体的固定式容器和移动式容器；盛装公称工作压力≥ 0.2 MPa（表压)，且压力与容积的乘积≥ 1.0 MPa• L 的气体、液化气体和标准沸点≤ 60 ℃液体的气瓶；氧舱等。

压力管道：利用一定的压力，用于输送气体或者液体的管状设备，其范围规定为最高工作压力≥ 0.1 MPa(表压)的气体、液化气体、蒸汽介质或者可燃、易爆、有毒、有腐蚀性、最高工作温度≥标准沸点的液体介质，且公称直径＞ 25 mm 的管道。

压力管道元件：压力管道管子；压力管道管件；阀门；法兰；补偿器；压力管道支承件；压力管道密封元件；压力管道特种元件；压力管道材料。

客运索道：动力驱动，利用柔性绳索牵引箱体等运载工具运送人员的机电设备，包括客运架空索道、客运缆车、客运拖牵索道等。

大型游乐设施：用于经营目的、承载乘客游乐的设施，其范围规定为设计运行线速度≥ 2 m/s，或者运行高度距地面≥ 2 m 的载人大型游乐设施。

场（厂）内机动车辆：除道路交通、农用车辆以外仅在工厂厂区、旅游景区、游乐场所等特定区域使用的专用机动车辆。

第二节　特种设备安全与节能形势

一、特种设备安全与节能现存的问题

第一，特种设备安全状况和监管水平与广大人民群众日益增长的特种设备质量安全需求不适应。以电梯为例，安全状况与美国等发达国家相当，但是，老百姓仍然不满意，仍有较多抱怨，一有电梯事故，就会引起高度关注。这说明特种设备的安全水平提升并未跟上老百姓安全需求提升的速度，我们的监管能力仍有很大的提升空间。

第二，安全监察和检验力量与特种设备数量快速增长的客观需要不适应。20 世纪 50 年代，特种设备安全监察机构成立初期，锅炉局是按照每 50 台设备配置 1 名安全监察人员，而现在人均监管 800 多台设备，工作量增加了 16 倍。近 10 年来，特种设备数量增加了 2.5 倍，而安全监察人员几乎没有增加，人机矛盾越来越突出。

第三，特种设备监管方式和工作机制与市场经济条件下特种设备安全和节能工作的需要不适应。现行的特种设备安全监管制度是计划经济体制下建立起来的，自建立以来，虽然进行了大量调整，但随着我国市场经济的不断完善，现行制度已经出现不足，难以适应新的形势。另外，特种设备安全与节能工作还缺少整体的制度设计，缺乏对事业发展的前瞻研究，规范标准体系还不健全，大规模推进工作步履艰难，监管制度仍不完善。由于安全责任压力越来越大，工作量与日俱增，因此监察和检验人员队伍不稳定的苗头已经出现。

第四，高耗能特种设备节能监管工作存在认识不足、能力不足、投入不足的问题。由于节能意识淡薄、缺乏政策鼓励等，企业和相关技术机构对节能工作缺乏主动性，只靠安全监察的强制性手段而产生的推动力缺乏可持续性，带来的矛盾也很突出。锅炉能效测试机构普遍存在人员不足、装备不足、经验不足等问题。目前缺少必要的经费保障，无法真正开展基础性研究。

二、特种设备安全与节能面临的现实挑战

总体上看，我国特种设备事故率与工业发达国家相比仍然较高，重、特大事故时有发生，安全形势依然严峻。我国特种设备安全基础与国际先进水平相比，在法治、科技、投入管理等诸多方面还存在一些差距。设备向大型化、高参数发展，增加了其安全控制的难度。因此，要快速达到工业发达国家的特种设备安全水平，必须科学把握特种设备安全的阶段性特征，充分认识社会的安全水平可接受程度，加大安全投入，采取有效对策。

（1）阶段性特征。安全生产事故发生率与经济发展水平是紧密相关的，有的安全生产专家提出了安全生产事故发生的规律：工业化发展初期，随着工业化程度的提高，安全生产事故将不断上升；当经济发展到一定程度的时候，事故将进入高位波动期，然后将进入快速下降期，并逐步稳定。目前我国的工业化水平正处在安全生产事故的易发期，事故发生率处于高位波动期，安全监管工作处于最困难的时期。特种设备安全也不例外，由于特种设备安全监察工作开展较早，目前安全状况继续保持平稳下降态势，已经具备快速下降的条件，但如何才能进入快速下降阶段，这就需要我们创新思维、积极作为，不断提升监管的科学性、有效性。

（2）安全水平可接受程度。过去，社会对特种设备事故的关注度不高，但随着经济社会的快速发展，社会对安全水平的要求越来越高，对事故的可接受程度越来越低。但是，安全是与成本投入、科技水平密切相关的。根据边际成本理论，要想大幅度减少事故，必须有大量的安全投入。在安全投入不能无限增加的情况，我们就必须改革监管制度。

（3）改革创新是自身工作的迫切需要。用倒逼机制反查特种设备安全监督管理工作履职到位情况，发现普遍存在工作缺失和不到位现象。这些问题客观上就存在，因为，按照现行制度规定，面对急速增长的设备数量和越来越繁重的工作量，不改变规定的话，监

管缺失、工作不到位的情况普遍存在是必然的情况。要解决这些问题，我们必须转变职能、改革创新。

三、特种设备安全工作任务与对策

要做好特种设备安全和节能工作，既要求继承半个多世纪安全监察工作取得的经验，坚持发展中国特色监管模式，又要求妥善应对新情况、新问题，紧密围绕经济社会发展大局，明确目标任务，提升能力水平，创新体制机制，实施科学监管，促进特种设备安全和节能水平再上新台阶[①]。

（一）特种设备安全工作的主要任务

（1）完善法规标准体系。进一步优化特种设备安全监察与节能监管体制、机制和法制。明晰各方责任，强化和落实企业安全主体责任。以监察环节为主，兼顾设备特点，修订完善现有规章，加快制定安全监察等规章。做好安全监察与节能监管所需技术规范的制定工作，完善技术规范制定程序，提高技术规范制定质量，加强对技术规范的合法性审查。以规定基本安全要求和提高科学性为原则，加快技术规范的修订和完善，并逐步整合形成综合性技术规范。建立相关标准化组织的联动协调机制，推进特种设备标准化，在各设备领域形成比较完善的标准体系。

（2）完善动态监管体系。加强基层安全监察组织网络建设，争取政府支持建立协管员队伍，发挥质监稽查队伍的作用。加快信息化网络建设，有序整合或有效利用各地现有的电子监管网络系统，实施全国联网，实现全国监察与检验数据信息互联、互通和共享。努力实现动态监管体系对各个设备、各个环节、各个地区的基本覆盖，做到对特种设备及时登记、及时检验、及时发现和消除事故隐患，基本实现网上办理许可、告知、报检等业务。加强数据信息挖掘利用，为风险监控提供有效信息。应用物联网技术提升动态监管水平和效能。

（3）构建安全责任体系。研究基于风险管理的安全责任划分方法与准则，厘清市场经济环境中各方面的安全责任界限和权利义务及相互关系。积极推进安全管理标准化、安全管理工程师、合同安全管理、责任保险、缺陷设备召回与强制报废等制度创新。加强质量安全诚信体系建设，完善落实责任的机制与措施，督促企业落实主体责任。科学分解下达事故控制考核指标，落实基层政府和有关部门责任。注重安全监察制度、安全生产综合监管制度以及与相关行业管理制度的协调衔接，建立部门工作协调机制，积极推动在政府统一领导下落实有关行业主管部门“一岗双责”责任。按照有限有效原则，立足立法与监督，不断推动工作理念转变和职责调整，弥补缺位、纠正越位与错位，突出监管重点。加强执法监督，探索建立联合执法机制，严厉打击违法违规行为，严格依法追究监管、检验

---

① 宋继红.特种设备安全形势与对策[J].压力容器，2013，30（12）：1-7+37.

的失职渎职责任。发挥行业组织的监督和自律作用。

（4）构建风险管理体系。应用风险理论，制订修订相关规范标准，研究构建针对不同设备、不同企业、不同地区的科学分类监管模式并进行试点示范，完善配套法规标准。大力推广基于风险的检验。建立特种设备事故隐患的分类体系和排查治理机制。重点围绕系统性、广泛性和重大事故风险、管理风险和队伍风险，建立风险分析报告制度，及时进行风险监测、研判、预警、快速应对和妥善处置。根据行业特点，充分发挥社会应急资源作用，分级建立特种设备应急管理体系，逐步提高应急管理综合能力。以基本满足突发公共事件预测预警、应急处置和恢复重建的技术支撑需要。依法履行事故调查职责，完善事故调查处理机制，建立四级质量安全分析报告制度，预防和减少事故发生。

（5）构建绩效评价体系。研究建立特种设备安全与节能工作全面绩效评价方法和指标体系，完善综合绩效评价制度和机制。建立特种设备安全与节能工作对经济社会发展贡献率的评价模型和统计指标，形成固定的数据采集、统计分析和报告机制并试点应用。积极争取将重要的统计考核指标纳入各级政府经济社会发展统计考核指标体系。全面开展对特种设备安全监察机构和检验机构的绩效评价工作，探索建立监管资源有效投入与合理配置的模型。探索对企业和一定行政区域、设备领域进行绩效评价的方法和指标，开展试点并推广应用。

（6）构建科技支撑体系。紧密跟踪国内外前沿科技，畅通科技需求渠道，以国家重大科技项目为纽带组织开展联合攻关，着力解决基于风险的事故，预防关键技术难题，在检测监测、安全评价、风险管理、寿命预测、重大危险源监控、预测预警、应急救援、节能技术、检测仪器设备研发等方面有较大突破，从战略高度积极推动物联网技术在特种设备安全领域的研究与应用。以国家级技术机构为龙头，有效整合行业科技资源，建好全国特种设备科技协作平台，完善科技管理运行机制。重点扶持建设一批特色鲜明、具有较强综合实力的科研试验基地和区域性公共检测服务平台。全面提升特种设备检验检测技术机构的能力，加大对欠发达地区特检机构建设的扶持力度，逐步缩小东西部检验检测能力差距。

（二）特种设备安全重点工作的对策

（1）抓好《特种设备安全法》的学习、宣传和贯彻。一要面向执法主体抓好学习。可采取集中培训、专题研讨、学习讲座多种方式，抓好安全监察机构、行政执法机构、检验检测机构的相关人员的学习，使其深刻领会《特种设备安全法》的立法精神和重大意义，准确把握其中的新制度、新规定、新要求，为更好地用法、执法夯实基础。二要面向广大企业抓好学习。《特种设备安全法》进一步明确了各方面的安全责任，尤其是着重强调了特种设备安全的责任主体在企业。要认真抓好对企业的宣贯和培训。三要面向社会抓好宣传。特种设备安全关乎公众切身利益。《特种设备安全法》第十一条规定：负责特种设备安全监督管理的部门应当加强特种设备安全宣传教育，普及特种设备安全知识，增强社会公众的特种设备安全意识。各级质检部门要大力开展“进企业、进社区、进校园”法律宣传活动，通过广播、电视、网络、报纸、杂志等各类媒体和群众喜闻乐见的宣传方式，让社会各界了解特种设备安全知识，增强自我保护意识，监督法律的贯彻实施，大力营造良好的特种设备安全法治氛围。

（2）抓紧完成《特种设备安全法》配套措施。首先是特种设备目录的完善。《特种设备安全法》规定，国家对特种设备实行目录管理，特种设备目录由国务院特种设备安全监督管理部门制定，报国务院批准后执行。目前，有关部门正在按照体现职能转变和分类监管的原则，提出了对特种设备目录调整的方案。其次是特种设备安全技术规范的完善。《特种设备安全法》在进一步完善特种设备安全监察制度的基础上，新增加了对经营环节的监管，确立了召回、报废及可追溯制度，形成了完整的监管链条。对这些新的制度，质检部门要加快配套规章和规范性文件的制修订工作，加强特种设备安全技术规范和相关标准建设，切实搞好衔接工作。

（3）特种设备安全监察职能转变。2013 年 3 月，国务院下发了机构改革和职能转变方案。这次职能转变的核心和突破口是行政审批制度改革。取消和下放行政审批事项，最直接的就是政府部门拿自身开刀、割自己的肉，必然会削弱部门的权力，触动部门的既有利益。新一届中央政府开门的第一件事就是转变政府职能。改革面对的复杂形势和工作难度也前所未有。按照国务院及总局职能转变的要求，特种设备局成立了安全监察职能转变研究及实施领导小组及工作小组，制订了研究及实施方案，5 个工作小组均对研究任务进行了分工部署，从基本理论、国外制度、风险管理和检验检测、行政许可制度设置等方面启动了职能转变研究，部分小组开展了调研、形成了阶段性研究报告，取得了阶段性成果。

（4）行政审批改革。质检总局拟通过调整《特种设备目录》及行政许可相关的安全技术规范，取消部分危险性较小特种设备的监管，进一步减少、合并、下放行政许可项目。深入研究鉴定评审工作性质，规范对鉴定评审机构、考试机构的授权和工作委托，调整对鉴定评审机构监督方式，提高对鉴定评审和考试工作的监管效果。强化对鉴定评审和考试工作的监管，探索实施将鉴定评审前置的工作模式。完善证后监管制度，加大监督检查力度。

（5）积极稳妥地推进检验工作改革。根据对检验效果的评估，《特种设备安全法》取消了起重机械、大型游乐设施、客运索道的制造监督检验。总局将研究修改检验有关的安全技术规范，进一步减少法定检验的项目，强化特种设备生产单位、使用单位自行检测的责任。明确各类检验的性质、定位、责任和实施方式，调整检验范围和项目，强化企业自检责任，完善监督检验制度。按照国家对事业单位改革的总体思路和进程，坚持检验机构专业化、规模化、社会化，研究全国特种设备检验机构总体布局和发展规划。进一步发挥企业和社会检验力量的作用，积极培育委托检验市场，发展和规范专项检测市场，建立政府检验机构与社会检验机构互补的新型检验机制。打破地域限制，逐步扩大企业自主权，促进检验资源有效利用；探索检验检测机构跨地区、跨行业联合重组，在更高层次、更广领域实现检验检测机构的做优、做强和集团化发展，打造“中国特检”品牌。建立以质监部门检验力量为主导，以社会检验力量为补充的检验体制。

（6）监管方式改革。特种设备安全分为产品安全和安全生产两部分。不安全的产品可能导致事故；安全的产品，如果不安全使用同样会导致事故。现有的特种设备安全监管制度是基于数量不多的生产单位监管建立的。现在环境发生了变化，从近年来的特种设备事故情况看，75% 以上的事故是因为使用不当造成的，特种设备使用主体繁多，运用行政手段很难监管到位。因此，我们必须加快实现“四个转变”，即从监督管理并重向强化监察转变、从监管设备向监督企业转变、从同一模式监管向分类监管转变、从强调部门监管向构建多元共治格局转变；进一步发挥技术机构、行业组织的作用，改革监察、检验“双轨制”旧模式，建立监察机构、检验单位、行业组织“三驾马车”新机制。

第三节 我国特种设备的发展现状与展望

一、我国特种设备的发展现状

（1）在用特种设备数量快速增长。我国在用特种设备的增长率与国内生产总值增长率成正比。

（2）在用特种设备分布不均匀，各地区特种设备数量增长率有较大差别。国内各地区的在用特种设备数量差别很大，分布不均匀，经济相对发达地区的特种设备拥有量较多。另外，各地区特种设备数量增长率也不同，经济相对发达地区特种设备数量增长率较大。另外，特种设备的种类也和分布情况有关，如电梯，主要分布在北京、上海、深圳、广州等大城市。

（3）特种设备制造业发展迅速。①特种设备制造业在国民经济发展中已经占有相当的比重。②伴随着我国经济快速持续健康协调发展，特种设备制造业呈现高速发展态势。我国特种设备设计制造能力已基本满足经济社会发展的需求，门类比较齐全，手段比较完善，出口量呈逐年增长趋势。③特种设备制造业已形成区域性产业带。锅炉制造业主要集中在江苏苏南地区、黑龙江哈尔滨、上海、四川自贡等地；压力管道元件制造业主要集中在江苏苏南、河北沧州等地。电梯制造业主要集中在上海、广东珠三角、浙江宁波等地。起重机制造业主要集中在河南新乡、江苏无锡等地。游乐设施制造业主要集中在广东中山、陕西西安、河北保定等地。

二、我国特种设备的发展趋势分析

随着经济发展和社会进步，特种设备不仅数量呈上升趋势，而且向着更高效，更安全，更环保、节能，更具人性化的方向发展。

（1）更高效。为了实现更高的效率，电站锅炉、加氢反应器、压力管道、起重机械、大型游乐设施、客运索道等特种设备，向高参数、大型化方向发展。

（2）更安全。随着科技的进步，大量新材料、新的保护装置及先进技术不断应用于特种设备，提高了特种设备的安全性能。

（3）更环保、节能。随着我国可持续发展战略的实施，节能、环保问题是社会关注的焦点。特种设备也出现了许多环保、节能型产品。如垃圾焚烧锅炉，循环流化床锅炉，电梯采用永磁同步无齿轮曳引机、工程塑料或纤维曳引绳带，赛车类、观光车类大型游乐设施采用环保型电池等。

（4）更具人性化。特种设备在人们的生活中越来越重要，人性化的设计理念更多地体现在特种设备产品中。如医用氧舱加装舱内外互动设施，在治疗中患者可以与医生交谈或者收听音乐，缓解患者的紧张情绪，对治疗十分有利；电梯应用智能网络控制、远程监控、远程维修等技术，使电梯能够实现的服务功能以及维护保养的及时性与便捷性更加人性化；人机工程学把起重机械、人和作业环境作为整个系统来研究，创造一种人与起重机械最佳相互作用状态，如按人机工程学理论设计的司机室，布置更加合理，可降低司机疲劳程度并且提高了工作效率；虚拟现实技术、激光技术、网络技术等高新技术越来越多地应用于游乐设施中，新型游乐设施可采用多种运动方式复合，融声、光、电于一体，并结合游客的主动参与，给人一种全新的体验；有的客运索道站台和吊厢专门设计了方便残疾人乘坐的设施，有的风景名胜区客运索道还备有内部装饰华丽，设有空调、冰箱，乘坐舒适的豪华吊厢，供游客享用。

第二章　常见特种设备及其安装（一）

第一节　锅炉及其安装

广义上说，锅炉是利用燃料燃烧释放的热能或其他热能加热水或其他工质，以生产规定参数（温度，压力）和品质的蒸汽、热水或其他工质的设备。

《特种设备安全监察条例》所定义的锅炉是：利用各种燃料、电或者其他能源，将所盛装的液体加热到一定的参数，并对外输出热能的设备，其范围规定为容积大于或者等于30 L的承压蒸汽锅炉；出口水压大于或者等于0.1 MPa（表压），且额定功率大于或者等于0.1 MW的承压热水锅炉；有机热载体锅炉，包括其所用的材料、安全附件、安全保护装置和与安全保护装置相关的设施。

一、锅炉的工作原理、用途及特点

（一）锅炉的工作原理

输入能量为燃料中的化学能且工质为水、汽的锅炉，其工作原理可用下述工作过程和工作系统来说明。

1. 锅炉工作过程

锅炉产生热水或蒸汽需要以下3个过程：

（1）燃料的燃烧过程：燃料在炉膛内燃烧放出热量的过程。

（2）传热过程：燃料燃烧后产生的热量通过受热面传递给锅内的水或蒸汽的过程。

（3）水的加热、汽化过程：锅内的水吸收热量转变成具有一定温度和压力的热水或蒸汽的过程。

2. 锅炉工作系统

锅炉的工作过程是通过两个工作系统来实现的：一个系统是介质系统，在蒸汽锅炉中称为汽水系统，另一个系统是燃烧系统。

（1）汽水系统。它的任务是使进入锅炉的给水吸热升温、汽化、过热，最后成为具有一定温度和压力的热水或蒸汽。

（2）燃烧系统。它的任务是将燃料和空气送入锅炉炉膛内进行燃烧放热，将热量以辐射方式传给炉膛四周的水冷壁等辐射受热面；燃烧生成的高温烟气主要以对流传热方式把热量传递给对流管、烟管或者过热器、省煤器等对流受热面。在传热过程中，烟气温度不断降低，最后由引风机送进烟囱，排入大气；燃烧生成的灰渣由排渣设备排出锅炉。

（二）锅炉的主要用途

锅炉设备在国民经济中占有重要地位，其用途主要是为工业生产、交通运输、人民生活提供动力和热源。自1776年第一台蒸汽机发明带来第一次工业革命以来，作为热能动力，锅炉被广泛地应用于电力、化工、冶金、纺织、机械、轻工、军工等各个行业，对工业生产和经济发展发挥了不可取代的重大作用。在火力发电中，锅炉是核心设备，它提供高压高温蒸汽驱动汽轮机发电。在工业生产中，常用锅炉提供蒸汽或有机热载体用于加热；在生活中，常用锅炉提供热水进行采暖。另外，医疗消毒、洗浴等也离不开锅炉。由于锅炉在工业生产中的重要作用，人们称其为工业生产的“心脏”。

（三）锅炉的一般特点

一般来说，锅炉具有下列特点：

（1）承受一定的压力，因而具有爆炸的危险性。

（2）投入运行后，一般要求连续运行。

（3）工作条件较恶劣，受热面内外受火、烟、灰、水、汽等侵蚀。

二、锅炉的分类与组成

（一）锅炉的不同分类

锅炉的种类有很多，分类的方法也不尽相同。

（1）按用途分为电站锅炉、工业锅炉、生活锅炉和机车锅炉、船舶锅炉等。

（2）按容量可分为大型锅炉（额定蒸发量≥ 100 t/h）、中型锅炉（额定蒸发量为20 ~ 100 t/h）和小型锅炉（额定蒸发量≤ 20 t/h）。

（3）按出口工质压力分为低压锅炉（额定蒸汽压力≤ 2.45 MPa）、中压锅炉（额定蒸汽压力为3.83 MPa）、高压锅炉（额定蒸汽压力为9.81 MPa）、超高压锅炉（额定蒸汽压力为13.7 MPa）、亚临界压力锅炉（额定蒸汽压力为16.7 MPa）、超临界压力锅炉（额定蒸汽压力≥ 22.1 MPa，一般为25.5 MPa）和超超临界压力锅炉（额定蒸汽压力为30.0 MPa）。对于电站锅炉来说，随着蒸汽温度和压力的升高，电厂的效率在大幅度提高，供电煤耗大幅度下降，而提高蒸汽参数遇到的主要技术难题是金属材料耐高温、高压问题。

（4）按燃料种类分为燃煤锅炉、燃油锅炉、燃气锅炉、原子能锅炉、余热锅炉、废料锅炉以及利用地热、太阳能等能源的蒸汽发生器。

（5）按燃烧方式分为层燃炉、室燃炉、旋风炉和流化床燃烧锅炉。

层燃炉采用火床燃烧，主要用于工业锅炉。火床燃烧是固体燃料以一定厚度分布在炉排上进行燃烧的方式。常见的炉排为固定排炉（代号G）、链条炉排（代号L）、往复炉排（代号W）。固定排炉用于手烧炉，链条炉排、往复炉排属于机械炉排。

室燃炉采用火室燃烧，电站锅炉和部分容量较大的工业锅炉采用室燃方式，燃料为油、气和煤粉。火室燃烧（悬浮燃烧）是燃料以粉状、雾状或气态随同空气喷入炉膛中进行燃烧的方式。

旋风炉采用旋风燃烧，炉型有卧式和立式两种，燃用粗煤粉或煤屑。旋风燃烧是燃料和空气在高温的旋风筒内高速旋转，部分燃料颗粒被甩向筒壁液态渣膜上进行燃烧的方式。

流化床燃烧锅炉送入炉排的空气流速较高，使大粒燃煤在炉排上面的流化床中翻腾燃烧，小粒燃煤随空气上升并燃烧。宜用于燃用劣质燃料，主要用于工业锅炉。现已经开发了大型循环流化床燃烧锅炉。

（6）按出口工质分为蒸汽锅炉、热水锅炉和有机热载体锅炉。

（7）按结构型式分为锅壳锅炉和水管锅炉。

（8）按锅炉出厂型式分为快装锅炉、整装锅炉、组装锅炉和散装锅炉。

快装锅炉是按照运输条件所允许的范围，在制造厂完成总装整台发运的锅炉。

整装锅炉在制造厂内已经完成受压部分的制造，将承压部分整体出厂的锅炉。

组装锅炉是在制造厂内将整台锅炉分成几个装配齐全的大件，运到工地后可将诸大件方便地组合而成的锅炉。

散装锅炉是安装工作主要在工地进行的锅炉。

（9）按工质循环方式分类，常见的有自然循环锅炉、强制循环锅炉和直流锅炉。

自然循环锅炉是工质依靠下降管中的水与上升管中汽水混合物之间的重度差进行循环的锅炉。

强制循环锅炉是主要靠锅炉水循环泵的压头进行循环的锅炉。

直流锅炉是给水靠给水泵压头在受热面中一次通过产生蒸汽的锅炉。

蒸汽锅炉大多采用自然循环。热水锅炉大多采用强制循环。直流锅炉一般没有锅筒，主要用于电站锅炉。近年来，在小型锅炉上也有应用（这种型式一般称为贯流锅炉）。

各种分类方法是从不同角度考虑的。例如，一台锅炉可以是工业锅炉，同时也可为蒸汽锅炉、水管锅炉、低压锅炉等。锅炉安装标准基本上是以锅炉用途划分的；锅炉受压元件强度计算标准、锅炉制造专业标准则是以锅炉结构型式划分的。

（二）锅炉的设备组成与结构特点

1. 锅炉的设备组成

从整体上可以将锅炉视为一个系统，这个系统包括锅炉机组、锅炉房以及热水锅炉的热水系统、有机热载体锅炉的管网系统。作为整个系统中的主要组成部分的锅炉机组包括锅炉本体，锅炉范围内管道、烟、风和燃料的管道及其附属设备，测量仪表和其他锅炉附属机械等。而锅炉本体是由锅筒、受热面及其集箱和连接管道、炉膛、燃烧设备和空气预热器（包括烟道和风道）、构架（包括平台和扶梯）、炉墙和除渣设备等组成的整体。

顾名思义，锅炉是由“锅”和“炉”以及保证“锅”和“炉”安全正常运行所必需的锅炉安全附件和仪表以及锅炉辅助设备及系统等三大部分组成的。

“锅”是指锅炉中盛放水和蒸汽的部分，是锅炉的吸热部分，其中的水和蒸汽被加热。主要包括锅筒、对流管束、水冷壁管、集箱（联箱）、过热器、再热器和省煤器等受压部件。这些受压部件通常就是锅炉受热面（从放热介质中吸收热量并传递给受热介质的表面）。

“炉”是指锅炉中使燃料进行燃烧产生热量的部分，也就是把燃料中的化学能，经过燃烧过程转化为热能的部分，是锅炉的放热部分。主要包括燃烧设备、燃烧室（炉膛）、炉墙、烟道等。

锅炉安全附件和仪表，包括安全阀、压力测量装置、水（液位）测量与示控装置、温度测量装置、排污和放水装置等安全附件，以及安全保护装置和相关的仪表等。

锅炉辅助设备及系统，包括燃料制备，以及汽水、水处理等设备及系统等。

相对于锅炉本体，也可以把锅炉分为锅炉本体和辅助设备及系统两大部分。

2. 典型的锅炉结构型式

锅炉结构型式分为两大类：锅壳锅炉和水管锅炉。锅炉从原始的圆筒形锅炉发展到现代各种复杂结构的锅炉已有近百年的历史，锅炉的形式和结构基本上是沿着锅壳锅炉和水管锅炉这两个方向发展的。

（1）锅壳锅炉。

锅壳锅炉是在圆筒形锅炉的基础上，在圆筒（锅壳）内部增加受热面，如炉胆、火管（烟管）等，其特点是锅炉主要部件都在锅壳之内，高温烟气在炉胆或火管（烟管）中流动，水在炉胆或火管（烟管）外侧吸热和汽化，这类锅炉称为锅壳锅炉。其承压部分主要由锅壳、炉胆、管板、弯（直）水管、火管、下脚圈、炉门圈、喉管、水冷壁、省煤器等组成。

根据锅壳放置方式的不同，分为立式锅炉和卧式锅壳锅炉。立式锅壳锅炉的锅壳轴线垂直于地面，其燃烧室（炉胆）和火管（烟管）等都在锅壳内，目前常见的主要有立式弯水管锅炉、立式直水管锅炉等。卧式锅壳锅炉的锅壳轴线平行于地面，根据炉排布置在炉胆内或锅壳外的不同，又分为卧式内燃锅炉或卧式外燃锅炉。

（2）水管锅炉。

水管锅炉突破了筒体的限制，在圆筒的外部增加受热面和燃烧室，如水冷壁、过热器、省煤器等，其特点是水或蒸汽在管内流动吸热和汽化，高温烟气在管外侧冲刷流动。其承压部分主要由锅筒、集箱、水冷壁、对流管束、省煤器、过热器、减温器、再热器等组成。工业锅炉没有再热器；电站锅炉一般没有对流管束，但都配置减温器，有的还配置再热器。

水管锅炉有单锅筒、双锅筒、无锅筒等形式。

现以 SHL35–3.82/450–AU 型锅炉为例来说明锅炉的组成和工作过程。锅炉由锅筒、下降管、联箱、炉膛四周的水冷壁及过热器等组成。尾部受热面配有省煤器和空气预热器，燃烧设备为齿轮传动链条炉排。该锅炉所用的燃料是煤。首先将煤在煤场经过筛选、破碎后，由皮带运输机送至锅炉前煤仓，煤仓内的煤通过煤闸板，落到链条炉排上，随着链条的移动，炉排上的煤被送到炉膛燃烧。燃烧所需的空气由送风机抽取锅炉房内温度较高的空气，经过空气预热器吸收一部分烟气余热，提高温度后再分段送到炉排下面，穿过炉排缝隙进入煤层助燃，炉排上的煤经过一定时间即被燃尽而成为灰渣，再通过老鹰铁刮入灰坑，并由出渣机将灰坑内的灰渣除去。燃烧所产生的高温烟气先将一部分热量传给水冷壁，然后烟气从炉膛上部经过立式过热器，再进入后烟道，经省煤器和空气预热器进一步放出热量，最后经除尘后被引风机送至烟囱并排入大气。

原水经水处理设备后，水中的杂质及钙、镁离子被除去，变成软水。软水经水泵注入除氧器除去水中的氧气，经过除氧的水被送到省煤器，吸收部分烟气热量，提高水温后进入锅筒。锅筒内的水通过数根下降管流入炉膛四周水冷壁的下联箱，每个下联箱上接出一排水冷壁管，水在水冷壁管内受热不断汽化，汽水混合物上升至上联箱或直接进入锅筒。蒸汽经过汽水分离装置由锅筒离开，经导汽管进入过热器继续受热，变成过热蒸汽，并由出口联箱汇集后，经出汽总管输送给用户。

锅壳锅炉和水管锅炉各有特点。锅壳锅炉结构紧凑、压力低、整装出厂、运输安装方便、占地面积小、便于使用管理，缺点是热效率低、受热面积少、出力小、易发生爆炸事故。水管锅炉受热面布置比较自由，锅炉的出力和介质参数可以很大（高参数、大容量的锅炉都是水管锅炉），自动控制程度高、热效率高，但是其对水质要求更严格，必须进行水质处理，以保证给水品质良好。

（三）锅炉的常见受压部件

锅炉受压部件是承受内部或是外部介质压力作用的锅炉部件。以下简单介绍几种锅炉受压部件。

（1）锅筒（或锅壳）。锅筒（锅壳）是水管锅炉（锅壳锅炉）用以净化蒸汽、组成水循环回路和蓄汽蓄水的筒形受压部件，由筒体和封头（管板）组成。

锅筒内部一般装有汽水分离器、给水分配管和连续排污装置。外部装有主汽阀、副汽阀、安全阀、排空阀、压力表和水位表连接管以及连续排污管等。锅筒（锅壳）一端或顶部还装有人孔装置。锅壳内部还装有多根火管，作为锅壳锅炉的对流受热面。有两个锅筒的水管锅炉，通常在下锅筒封头上安装人孔装置，下锅筒底部还装有定期排污装置，上下锅筒之间可以安装对流管束，组成水管锅炉对流受热面。

（2）水冷壁。水冷壁是沿着炉膛内壁并排布置的管子，内部通水，相对炉墙来说，形成水冷的屏壁，所以称为水冷壁。水冷壁是锅炉的辐射受热面，其主要作用是吸收炉膛高温辐射热量、降低炉膛温度，保护炉墙、防止燃烧层结焦。

（3）对流管束。对流管束是在高温烟气通过的区域内布置的管群，管内工质与高温烟气以对流传热方式吸收高温烟气的热量。对流管束是锅炉的对流受热面。工业用水管锅炉上通常设置对流管束。

（4）集箱（又称联箱）。集箱（又称联箱）由筒体、端盖组成，上面焊有多根管子，其作用是汇集管子中工质（水、汽水混合物、蒸汽）或者向管子分配锅水。置于锅炉上部的集箱称为上集箱，置于锅炉下部的则称为下集箱。

（5）下降管。下降管的作用是把上锅筒的锅水输送到下集箱或下锅筒，使受热面的管子得到足够循环水量。下降管不应受热，一般放置在炉墙体外面，否则应对其采取绝热措施。

（6）过热器。过热器是由多根无缝钢管弯制成的蛇形管，两端与集箱连接。其主要作用是将锅筒内送出来的湿饱和蒸汽加热到规定的过热温度。按换热方式可将过热器分为辐射式、半辐射式和对流式 3 种。辐射式过热器放在炉膛内顶或炉墙上，其吸收炉膛里火焰和烟气的辐射热。半辐射式过热器放在炉膛上部出口附近，既吸收炉膛中火焰的辐射热，又以对流方式吸收流过它的烟气的热量。对流过热器放在炉膛外对流烟道里，主要是以对流传热方式吸收流过它的烟气的热量。过热器也可按放置方式分为立式过热器和卧式过热器。

（7）省煤器。省煤器是利用锅炉尾部排烟的热量而加热锅炉给水的一种换热装置，作用是回收烟气中的热量，减少排烟热损失，以提高锅炉的热效率。省煤器一般设置在锅炉对流受热面的尾部烟气出口处。

设置有省煤器的锅炉，应当设置旁通水路、再循环管或者其他省煤器保护措施。

（8）减温器。减温器的作用是调节过热蒸汽的温度，将过热蒸汽的温度控制在规定的范围内，以确保安全和满足生产需要。减温器分表面式和喷水式两类。表面式减温器是一种在圆柱形的筒体内装有 U 形管或盘管的热交换器，适用于低、中压锅炉。喷水式减温器结构与联箱相似，其内部有喷水装置和内筒，适用于高压及以上锅炉。

（9）再热器。再热器的作用是将汽轮机高压缸排出的蒸汽再加热到与过热蒸汽相同或相近的温度后，再回到中低压缸去做功，以提高电站的热效率。再热器一般只用于额定蒸发量＞400 t/h 的电站锅炉。

（10）炉胆。炉胆是锅壳式锅炉包围燃料燃烧空间的壳体，只有立式锅炉和卧式内燃锅炉中有炉胆。炉胆有直圆筒形和锥形两种。当炉胆长度超过 3m 时，要采用波纹形结构。炉胆承受外压。

（11）下脚圈。下脚圈是立式锅炉中连接炉胆和锅壳的部件，现在锅炉基本上都采用 U 形下脚圈。

（12）炉门圈、喉管、冲天管。炉门圈、喉管、冲天管是立式锅炉中才有的部件。炉门圈是连接锅壳和炉胆之间燃料进入燃烧室的一根管子，一般由锅炉钢板压制成椭圆形后焊接而成。喉管和冲天管均为连接锅壳和炉胆之间烟气排出时所经过的一根管子，一般由无缝钢管制成。以上 3 个部件均受外压。

三、锅炉的生产过程

（一）锅炉设计

简单地讲，锅炉产品设计就是根据国家有关法规、规程、标准的规定，设计出满足客户所要求性能的锅炉产品。设计是决定产品质量、技术水平的先决条件，只有保障了锅炉产品的设计质量和水平，才能制造出优质、高效、环保、科技含量高的产品。锅炉产品设计一般由锅炉制造单位进行，一是锅炉设计单位根据市场需求、科技进步等，设计符合市场需求的产品，称为自行开发产品；二是根据客户的具体要求设计某种特定的锅炉产品，称为合同产品。

锅炉设计的输出产物是锅炉设计文件，锅炉设计文件应经有资格的检验检测机构鉴定，方可用于制造。

（二）锅炉制造

锅炉制造就是按照产品的设计要求，把合格的材料，经冷热成型、机加工等工艺手段、以焊接为连接零部件的主要方法，制作成符合设计要求的成品。锅炉成品一般分两种情况：一种是整装锅炉或快装锅炉；另一种是散装锅炉，即将各零部件制作合格，运到锅炉安装现场再进行组合安装后达到锅炉设计要求。

除必须执行锅炉安全技术监察规程外，锅炉制造主要执行专业标准。

（三）锅炉安装

1. 锅炉安装的过程分析

锅炉安装要按照有关规程、标准及设计的规定，在安装现场将锅炉制造厂制造的合格锅炉产品进行组合安装，使其能够达到设计要求。安装过程是制造过程的继续，尤其对散装锅炉，不同之处在于安装是在现场进行，条件比较差，容易出现不安全因素。与锅炉制造相对应，锅炉安装一般分两种情况：一种是整装锅炉（快装锅炉）安装；另一种是散装锅炉安装。

2. 锅炉安装的技术资料

安装技术资料一般包括锅炉安装质量证明书、安装验收资料、锅炉安装监督检验证书等资料。对于工业锅炉的散装锅炉，其安装验收资料应当包括开工报告；锅炉技术文件清查记录（包括设计修改的有关文件）；设备缺损件清单及修复记录；基础检查记录；钢架安装记录；钢架柱腿底板下的垫铁及灌浆层质量检查记录；锅炉本体受热面管子通球试验记录；阀门水压试验记录；锅筒、集箱、省煤器、过热器及空气预热器安装记录；管端退火记录；胀接管孔及管端实测记录；锅筒胀接记录；受热面管子焊接质量检查记录和检验报告；水压试验记录及签证；锅筒密封检查记录；炉排安装及冷态试运行记录；炉墙施工记录；风机、除尘器、烟囱安装记录；给水设备安装记录；安全附件安装记录；仪表试验记录；烘炉、煮炉和严密性试验记录；安全阀调整试验记录；带负荷连续 48h 时试运行记录及签证。对于工业锅炉中的整装锅炉，其安装验收资料应当包括开工报告；锅炉技术文件清查记录（包括设计修改的有关文件）；设备缺损件清单及修复记录；基础检查记录；锅炉本体安装记录；风机、除尘器、烟囱安装记录；给水设备安装记录；阀门水压试验记录；炉排冷态时试运行记录；水压试验记录及签证；安全附件安装记录；烘炉、煮炉记录；带负荷连续 4 ～ 24 h 试运行记录。

（四）锅炉改造

《锅炉安全技术监察规程》（TSG G0001—2012）的所说的锅炉改造是指锅炉受压部件发生结构变化或者燃烧方式发生变化的改造。因改变循环方式（指介质流动方式的改变），例如蒸汽锅炉自然循环改为控制循环，热水锅炉自然循环改为强制循环等，蒸汽锅炉提高锅炉额定蒸发量，或者热水锅炉提高额定热功率，蒸汽锅炉改为热水锅炉等导致的锅炉结构的改变，包括锅炉受压部件锅筒（壳）、封头、炉胆、炉胆顶、集箱及受热面管子等受压部件、元件及其连接方式的改变，胀接改焊接等，另外，改变燃烧方式，例如燃煤固定炉排改机械炉排、层燃改室燃、燃煤改燃油、燃气等统称为改造。

20 世纪 80 年代之前的锅炉改造主要以增加受热面或在改变燃烧方式时涉及受热面的改造。近年来的改造主要是蒸汽锅炉改热水锅炉、燃油锅炉改燃煤锅炉或燃煤锅炉改燃油、燃气锅炉以及层燃锅炉改室燃锅炉等。

第二节　压力容器及其安装

仅从压力容器的名称上理解，凡承受流体介质压力的密闭腔体都可称作压力容器。但是，具备这种特点的设备数量很多，其危险性有很大区别，它们中的一部分被划入了特种设备安全监察范围。

《特种设备安全监察条例》定义的压力容器是：盛装气体或者液体，承载一定压力的密闭设备，其范围规定为最高工作压力大于或者等于 0.1 MPa（表压），且压力与容积的乘积大于或者等于 2.5 MPa•L 的气体、液化气体和最高工作温度高于或者等于标准沸点的液体的固定式容器和移动式容器；盛装公称工作压力大于或者等于 0.2 MPa（表压），且压力与容积的乘积大于或者等于 1.0 MPa•L 的气体、液化气体和标准沸点等于或者低于 60 ℃液体的气瓶、氧舱等。包括其所用的材料、安全附件、安全保护装置和与安全保护装置相关的设施。

一、压力容器的压力来源、用途与特点

（一）压力容器压力的来源

压力容器的压力来源分为来自容器外部和来自容器内部（在容器内产生或增大）两种情况。

1. 来自容器外部的压力

（1）由各类气体、液化气体压缩机泵供给压力，工作压力取决于压缩机出口和泵出口的压力。

（2）由蒸汽锅炉、废热锅炉供给的压力。工作压力取决于锅炉出口的蒸汽压力或经减压后的蒸汽压力。

2. 来自容器内部的压力

（1）气态介质由于温度升高导致体积膨胀受限，产生压力或使压力增大。

（2）液体介质受热气化，压力即为该温度下的饱和蒸汽压。以水为例，当工作温度为 120 ℃时，饱和蒸汽压约为 0.20 MPa；当工作温度为 200 ℃时，饱和蒸汽压约为 1.56 MPa。

（3）液化气体介质，以气液两相共存，压力就是随温度变化的饱和蒸汽压。各种不同液体在不同温度下有不同饱和蒸气压，例如液氨 20 ℃时的饱和蒸气压是 0.75 MPa，50 ℃时的饱和蒸气压是 1.93 MPa；丙烷 50 ℃时的饱和蒸气压是 1.704 MPa。

（4）充满液态介质，由于温度升高导致液体体积膨胀，容器的压力取决于液体的体积膨胀系数。例如液化石油气的体积膨胀系数是水的 10 ~ 16 倍，当液化石油气以液态充满整个容器时，压力随温度上升十分迅速。温度每上升 1 ℃，压力将上升 2.18 ~ 3.18 MPa，因此在容器内过量充装液化石油气是十分危险的。

（5）由于化学反应产生压力或压力增大。

（二）压力容器的主要用途

压力容器的用途极为广泛，它在基本建设、医疗卫生、地质勘探、石油化工、能源工业、科研、民用及军事工业等都起着重要的作用。其主要应用有：用于盛装工业生产中所使用的各种气体的压力容器，最常见的有压缩气体和液化气体储罐、气瓶、铁路罐车和汽车罐车。制冷装置中的多数设备是压力容器，如冷凝器、蒸发器、液体冷冻剂储罐等。工业生产中用来对物料进行加热的蒸气夹套、蒸压釜、蒸煮锅、消毒器等也都是压力容器。在石化工业中，许多化学反应过程需要在有压力的条件下进行，或者用增高压力的方法来加快反应速度。有时压力容器必须和某些工艺装置即内件共同发挥作用才能构成完整的设备，如石油化工工业中普遍应用的各类反应器、换热器、塔器、分离器等；化肥工业中的氨合成塔、尿素合成塔、二氧化碳吸收塔、氨分离器等；在石油精炼装置中的加氢脱硫反应器、加氢裂化反应器等；在乙烯装置中的各种低温压力容器；在聚乙烯装置中的各种超高压容器。压力容器在能源工业及其他领域也有广泛的应用。

压力容器中的医用氧舱，则是一种特殊的载人压力容器，属于医疗设备。

气瓶主要用于盛装气体，在工业、国防、医疗、生活等领域均有广泛应用，是数量最多的特种设备。

（三）不同压力容器的特点

1. 固定式压力容器

（1）具有爆炸的危险性。

（2）介质种类繁多，千差万别。易燃易爆介质一旦泄漏，可引起爆燃。有毒介质泄漏，能引起中毒。一些腐蚀性强的介质，会使容器很快发生腐蚀失效。

（3）不同容器的工作条件差别大。有的容器承受高温高压；有的容器在低温环境下工作；有的容器投入运行后要求连续运行。

（4）材料种类多。

2.移动式压力容器

（1）活动范围大，运行环境条件复杂，在运输和装卸过程中易受冲击、震动，有时还可能发生碰撞、倾翻。

（2）介质绝大多数是易燃、易爆以及有毒等液化气体，一旦发生事故，造成的损失大、社会影响大。

（3）活动场所不固定，监督管理难度大。

3. 气瓶

（1）容积小，结构相对简单，数量多，流动性大。

（2）事故多发生在充装环节。

（3）充装单位、检验机构数量多，使用单位也多，还涉及千家万户，监督管理难度大。

4. 医用氧舱

（1）是载人压力容器，运行时患者在医舱中，一旦发生事故，就会有人员伤亡。

（2）内部为高压氧，氧气浓度高，易发生火灾事故。

二、压力容器的分类与结构

（一）压力容器的分类方法

压力容器的分类方法很多，举例如下：

1. 固定式压力容器与移动式压力容器

压力容器按与地面固定或相对移动分成固定式压力容器和移动式压力容器。固定式压力容器有固定的安装和使用地点，工艺条件和使用操作人员也比较固定。移动式压力容器的主要用途是装运气体或液化气体。这类容器使用时不仅承受内压或外压载荷，搬运过程中还会受到内部介质晃动引起的冲击力，以及运输过程带来的外部撞击和震动载荷；而且没有固定的使用地点，一般也没有专门的操作人员，使用环境经常变化，管理比较难，因此比较容易发生事故。常见的移动式压力容器有汽车罐车、铁路罐车、长管拖车、罐式集装箱、管束式集装箱，以及气瓶等。

2. 按照压力分类

压力是压力容器的一个最主要的工作参数。从安全技术方面来看，一般情况下，容器的工作压力越大，发生爆炸后的危害也越大。压力容器按设计压力分为低压、中压、高压、超高压 4 种压力等级。压力等级的具体划分如下：低压（代号 L），$0.1\ \text{MPa} \leqslant p < 1.6\ \text{MPa}$；中压（代号 M），$1.6\ \text{MPa} \leqslant p < 10\ \text{MPa}$；高压（代号 H），$10\ \text{MPa} \leqslant p < 100\ \text{MPa}$；超高压（代号 U），$p \geqslant 100\ \text{MPa}$。

依照承压方式的不同，压力容器可分为内压容器和外压容器两大类。这两类容器有很大区别。内压容器的壁厚是根据强度计算确定的，而外压容器的设计则主要考虑失稳问题。

3. 按照壁温分类

根据容器的设计温度分为常温容器、高温容器和低温容器。在温度低于或等于 −20 ℃条件下工作的容器为低温容器。

4. 按照在生产工艺过程中的作用原理来分类

按压力容器在生产工艺过程中的作用原理可以将压力容器分为反应压力容器（代号 R）、换热压力容器（代号 E）、分离压力容器（代号 S）、储存压力容器（代号 C，球罐代号为 B）。

5.《固定式压力容器安全技术监察规程》中的分类方法

《固定式压力容器安全技术监察规程》根据压力、压力与容积的乘积、介质特性以及设计、制造特点对其管辖的压力容器进行综合分类。受监察的压力容器划分为3类，即第Ⅰ类压力容器、第Ⅱ类压力容器和第Ⅲ类压力容器。

（1）基本分类。压力容器分类应当先根据介质特性，按照以下要求选择类别划分图，再根据设计压力p（单位MPa）和容积V（单位L），标出坐标点，确定容器类别。①第一组介质，毒性程度为极度危害、高度危害的化学介质、易爆介质、液化气体。②第二组介质，除第一组以外的介质。

（2）多腔压力容器类别划分。多腔压力容器（如换热器的管程和壳程、夹套容器等）按照类别高的压力腔作为该容器的类别并且按照该类别进行使用管理。对各压力腔进行类别划分时，设计压力取本压力腔的设计压力，容积取本压力腔的几何容积。

（3）同腔多种介质压力容器类别划分。一个压力腔内有多种介质时，按照级别高的介质划分类别。

6. 从压力容器中分出简单压力容器

简单压力容器是指结构简单、危险性较小的压力容器，是一个新概念。纳入简单压力容器管理的压力容器，其材料、设计、制造、检验检测和使用均应符合《简单压力容器安全技术监察规程》（TSGR0003—2007）的要求。

简单压力容器应同时具备以下条件：

（1）容器由筒体和平封头、凸形封头（不包括球冠形封头），或者由两个凸形封头组成。

（2）筒体、封头、接管等主要受压元件的材料为碳素钢、奥氏体不锈钢。

（3）设计压力小于或者等于1.6 MPa。

（4）容积小于或者等于1000 L。

（5）工作压力与容积的乘积大于或等于2.5 MPa · L，并且小于或等于1000 MPa · L。

（6）介质为空气、氮气和医用蒸馏水蒸发而成的水蒸气。

（7）设计温度大于或者等于–20 ℃，最高工作温度小于或者等于150 ℃。

（8）非直接火焰的焊接容器。

军事装备、核设施、航空航天器、海上设施和船舶使用的压力容器，机器上非独立的承压部件（如压缩机缸体等），危险化学品包装物，灭火器，快开门式压力容器，移动式压力容器不适用简单压力容器的概念。

7. 医用氧舱的类型

医用氧舱按规格分为大型舱、中型舱、小型舱和单（双）人舱；按结构型式分为卧式加压舱、立式加压舱、卧式 + 卧式加压舱群和卧式 + 立式加压舱群；按治疗人数分为多人氧舱、双人氧舱和单人氧舱；按加压介质分为空气加压舱和氧气加压舱；按舱体材料分为金属材料壳体、有机玻璃材料壳体、帆布材料壳体等氧舱；按氧舱用途分为治疗舱、手术抢救舱和过渡舱等。

8. 气瓶的类型

（1）按结构分类。从结构上可将气瓶分为无缝气瓶、焊接气瓶和缠绕气瓶。氧、氮、氢等永久气体或二氧化碳、乙烷、氧化亚氮等高压液化气体，均使用无缝气瓶进行充装。而氨、氯、氟氯烷、LPG 等低压液化气体和溶解乙炔均使用焊接气瓶进行充装。缠绕气瓶是在气瓶筒体外部缠绕一层或多层高强度纤维或钢丝作为加强层，借以提高筒体强度的气瓶，缠绕气瓶筒体内胆可以是钢质、铝合金、玻璃钢等材料。

（2）按材质分类。如果以制造气瓶用的材料来分类，可分为钢质气瓶、铝合金气瓶、复合材料气瓶和其他材料气瓶。其中钢质气瓶又分为碳钢气瓶、锰钢气瓶、铬钼钢气瓶和不锈钢气瓶。复合材料气瓶是指气瓶瓶体由两种或两种以上材料制成的气瓶，如缠绕气瓶。

（3）按充装介质分类。按气体充装时的状态，可以分成永久气体气瓶、液化气体气瓶和溶解气体气瓶。

（4）按压力分类。按公称工作压力或水压试验压力可将气瓶分为高压气瓶、低压气瓶。

（二）压力容器的结构

压力容器一般由壳体、接管和法兰、支座、内件和安全附件等几部分组成。除这几部分外，容器部件采用可拆连接时，如设备法兰的连接、螺纹连接等，还需有密封件。

压力容器的零部件可分为受压元件和非受压力元件。其中受压元件又分为主要受压力元件和非主要受压元件。《固定式压力容器安全技术监察规程》定义的主要受压元件，包括壳体、封头（端盖）、膨胀节、设备法兰，球罐的球壳板，换热器的管板和换热管，M36 以上（含 M36）的设备主螺柱以及公称直径大于或者等于 250 mm 的接管和管法兰。

1. 壳体

对于球形容器，壳体即球体。对于数量最大的圆筒形容器，壳体主要由筒体和封头组成。有设备法兰的容器，设备法兰也属于壳体的组成部分。

（1）筒体。压力容器的筒体，按其结构形式可分为整体式和组合式两大类。整体式分成单层卷焊、整体锻造、锻焊、铸—锻—焊以及电渣重熔等几种。其中单层卷焊式是应用最为广泛的整体式筒体结构。它是由卷板机将钢板卷成圆筒或用水压机将钢板压制成两个半圆，然后焊上纵焊缝制成筒节，最后通过焊接环焊缝将若干筒节与筒节及封头组合起来，形成压力容器的外壳。一般中、低压容器和器壁不太厚的高压容器，大多采用这种形式。组合式筒体结构分为多层结构和绕制结构两大类。多层结构包括多层包扎、多层热套、多层绕板、螺旋包扎等。

（2）封头。封头分为凸形封头、锥形封头和平盖。凸形封头包括椭圆形封头、碟形封头、球冠形封头和半球形封头。其中椭圆形封头使用的最为广泛。

（3）设备法兰。根据生产工艺的需要和制造、安装、运输、检修等方面的要求，有些容器，如反应容器、换热容器、分离容器及塔器的简体大都采用部分可拆连接结构。容器的可拆连接结构一般都是采用法兰连接。这种法兰与接管法兰有所区别，通常称为设备法兰。

2. 开孔补强、接管与法兰

压力容器开孔之后，由于截面的削减和结构连续性被破坏，再加上接管的因素，会产生较大的应力集中，使得开孔接管处成为压力容器的薄弱环节。为消除这个薄弱环节，开孔处经常采用补强结构。常用的补强结构有补强圈、厚壁管补强和整体补强 3 种。

压力容器的接管主要是起将容器与工艺管道、仪表附件相连的作用。

3. 支座

压力容器的支座一般分为直立设备支座、卧式设备支座和球形容器支座。直立设备支座分为耳式支座、支承式支座和裙式支座。球形容器支座国内比较常见的有柱式支座和裙式支座两大类。卧式设备支座分为鞍座、圈座和支承式支座。

4. 压力容器的密封

压力容器密封性能的好坏是压力容器的重要指标。密封口的流体泄漏有两种情况，一是密封垫的泄漏，二是密封面的泄漏。密封结构分成强制密封、半自紧密封和自紧密封。常见的法兰连接即是一种强制密封。

三、压力容器的生产过程

压力容器安全监察全过程可分为设计、制造、安装、使用、检验、维修、改造等环节。《特种设备安全监察条例》将这 7 个环节分为生产（包括设计、制造、安装、维修、改造）、检验和使用等 3 个部分。以下简单介绍压力容器的生产过程。

（一）压力容器设计

压力容器的设计是确保其优生的首要环节。设计的正确与否，涉及制造、检验的难易程度，影响压力容器产品的制造成本和运行费用，还直接关系产品运行的可靠性。

压力容器的设计文件分为图样和技术文件两大部分。按图样表示的内容，图样分为总图、装配图、部件图、零件图、表格图、特殊工具图、管口方位图和预焊件图。技术文件按其内容可分为图纸目录、技术条件、计算书和说明书等四种。

在压力容器的设计总图上，除应注明设计依据的安全技术规范和产品标准外，还至少应注明：压力容器名称、类别；工作条件，包括工作压力、工作温度、介质毒性和爆炸危险程度；设计条件，包括设计温度、设计载荷（包含压力在内的所有应当考虑的载荷）、介质（组分）、腐蚀裕量、焊接接头系数、自然条件等，对储存液化气体的储罐应当注明装量系数，对有应力腐蚀倾向的材料应当注明腐蚀介质的限定含量；主要受压元件材料牌号与标准；主要特性参数（如压力容器容积、换热器换热面积与程数等）；压力容器设计使用年限（疲劳容器标明循环次数）；特殊制造要求；热处理要求；无损检测要求；耐压试验和泄漏试验要求；预防腐蚀的要求；安全附件的规格和订购特殊要求（工艺系统已考虑的除外）；压力容器铭牌的位置；包装、运输、现场组焊和安装要求等内容。

（二）压力容器制造

在压力容器设计完成后，制造厂要根据设计要求，进行工艺准备、材料准备和制造装备准备及专业人员准备等工作。采用焊接方法制造的压力容器是最常见的压力容器，以下以焊接压力容器为例介绍制造过程。

1. 制造工序

（1）成型前的准备。成型前的准备大致可分为钢板的准备、划线、切割和边缘准备等工序。

（2）部件或元件成型。一般情况下，筒节的成型采用卷制或压制。封头的成型采用压制或者旋压。

（3）部件组对。组对包括单筒节纵缝组对、筒节与筒节组对、筒节与封头的组对；法兰、接管、支座与筒节之间的组对。筒节的组对质量必须严格控制，主要指标有对口错边量、棱角度、圆度和直线度。当压力容器的焊接接头的类别不同时，对对口错边量、棱角度有不同的要求。这里说的焊接接头类别是按焊接接头的特点不同来分类的，共分成A、B、C、D、E5种焊接接头，其中A、B、C、D类焊接接头为受压元件之间的焊接接头，E类焊接接头为受压元件与非受压元件的焊接接头。

（4）焊接和焊接检验。压力容器制造常用的焊接方法有手弧焊、埋弧自动焊、电渣焊、气体保护焊和等离子焊等。使用较多的是手弧焊、埋弧自动焊和气体保护焊。焊接是一个特殊工序，其质量对压力容器的安全性能有决定性的影响。对焊接质量必须进行严格的控制，主要控制内容包括焊工资格、焊接工艺、焊接材料、焊接设备、施焊环境、焊接工艺纪律、焊缝返修、焊接检验、焊后热处理等。

（5）耐压试验和泄漏试验。焊接检验完成后，通常进行耐压试验和泄漏试验。

2. 压力容器制造的质量控制

压力容器制造厂必须对压力容器的制造质量进行严格的控制，这个控制实行预防为主、系统控制、全过程控制和全员参与的基本原则。制造厂要建立压力容器制造质量管理体系，对压力容器的制造实施管理与控制。其核心要点一是落实质量责任到人，包括企业领导人、领导层有关人员、管理层、执行层及作业层的各类人员；二是要识别控制过程，对每个控制过程要设立专业技术人员负责控制工作，这些人员通常称为责任工程师。一般情况下，制造厂要建立设计、工艺、材料、设备、焊接、热处理、理化试验、检验、现场控制等过程，对每个过程所涉及的人员、设备、材料、方法或工艺、环境及检验等进行策划和控制。

压力容器制造厂对产品制造质量负责。

3. 压力容器的出厂技术资料与铭牌

压力容器出厂时，制造单位应当向使用单位提供的技术文件和资料至少包括：竣工图样、压力容器产品合格证（含产品数据报告）、产品质量证明文件和产品铭牌的拓印件或者复印件、特种设备制造监督检验证书（适用于实施监督检验的产品）、压力容器设计文件。其中竣工图样上应当有设计单位许可印章（复印章无效），并且加盖竣工图章（竣工图章上应标注制造单位名称、制造许可证编号、审核人的签字和“竣工图”字样）。如果制造中发生了材料代用、无损检测方法改变、加工尺寸变更等，制造单位应当按照设计单位书面批准文件的要求在竣工图样上作出清晰标注。标注处有修改人的签字及修改日期。产品质量证明文件包括主要受压元件材质证明书、材料清单、质量计划或者检验计划、结构尺寸检查报告、焊接记录、无损检测报告、热处理报告及自动记录曲线、耐压试验报告及泄漏试验报告等。

制造单位必须在压力容器的明显部位安装产品铭牌。产品铭牌上的项目至少应当包括：产品名称、制造企业名称、制造企业许可证书编号和许可级别、产品标准、主体材料、介质名称、设计温度、设计压力、最高允许工作压力（必要时）、耐压试验压力、产品编号、设备代码、制造日期、压力容器类别、容积（换热面积）等内容，铭牌的拓印件应存于压力容器产品质量证明书中。

4. 进行压力容器制造过程监督检验

按照《特种设备安全监察条例》的规定，压力容器产品要由有资格的检验机构进行制造过程监督检验。

（三）压力容器的安装

压力容器的安装主要分两种情况，一种是将零部件运至现场进行组焊，如大型压力容器的现场组焊和球形储罐的组焊；另一种是指将完整压力容器产品运至现场就位，安装到装置系统中。安装后，压力容器成为系统装置的一部分，而对于需现场组焊的压力容器，安装还是其制造的继续。

压力容器的安装实行资格许可制度，实施安装的单位应当已取得相应的制造许可证或者取得特种设备安装改造维修许可证[①]。安装单位在施工前，应将安装情况书面告知施工所在地的地、市级质量技术监督部门。安装单位在施工结束后，应向使用单位提供相应压力容器技术资料和施工质量证明文件。

大多数压力容器是整机出厂的，在安装现场不再进行焊接工作。这些压力容器的安装施工的基本过程为：设备验收—基础施工—安装前准备—就位—内件安装—清洗、封闭—压力试验—气密性试验—交工验收。

现场组焊的压力容器一般按照制造过程进行控制。

第三节　压力管道及其安装

人们在生产、生活中广泛利用管道来输送介质，管道输送已经成为与铁路、公路、水运、航运并列的运输行业之一。在生产、生活中所使用的管道中的部分管道是压力管道，它作为一种特殊承压设备越来越广泛地应用于石油、石化、化工、电力等行业及城市燃气和供热工程中。

《特种设备安全监察条例》对压力管道做了明确定义：压力管道是指利用一定的压力，用于输送气体或者液体的管状设备，其范围规定为最高工作压力大于或者等于 0.1 MPa（表压）的气体、液化气体、蒸汽介质或者可燃、易爆、有毒、有腐蚀性、最高工作温度高于或者等于标准沸点的液体介质，且公称直径大于 25 mm 的管道。包括其所用的材料、安全附件、安全保护装置和与安全保护装置相关的设施。

一、压力管道的工作原理、用途及其特点

（一）压力管道的工作原理和用途

对单条压力管道而言，其工作原理就是依靠外界的动力或者是介质本身的驱动力将该条压力管道源头的介质输送到该条压力管道的终点。

压力管道的主要用途就是输送流体介质，包括气体、液化气体、蒸汽或者可燃、易爆、有毒、有腐蚀性、最高工作温度高于或者等于标准沸点的液体。而除此用途之外还可以延伸出以下一些功能，如储存功能（主要用于长输管道）和热交换（主要用于工业管道）等。

（二）压力管道的主要特点

（1）应用范围广泛，工艺参数复杂。各行各业均有大量应用，而各个领域所使用的压力管道又各有其特点，如化工、石化系统有大量的压力管道，它们的工作条件各种各样，工作压力由真空、负压到 300 MPa 以上的高压、超高压。而工作温度由 −200 ℃到 1000 ℃

① 刘志龙.压力容器安全附件的选用与安装[J].机械工程师，2014（10）：231−232.

以上，所输送的介质又多是有毒、易燃、易爆的。

（2）管道体系庞大。管道由多个组成件、支承件组成，任何一个环节出现问题都会造成整条管线的失效。

（3）管道的空间变化大。要么是长距离却经过复杂多变的地质条件、地形地貌、人文环境、天气环境，要么是在一个环境里，但是其立体空间变幻莫测。

（4）腐蚀机理与材料损伤的复杂性。易受周围介质或设施的影响，容易受诸如腐蚀介质、杂散电流影响，而且还容易遭受第三方破坏。

（5）失效的模式多样。

（6）载荷的多样性，除介质的压力外，还有重力载荷以及位移载荷等。

（7）材质的多样性，可能一条管道上就需要用几种材质。

（8）安装方式多样，有的架空安装，有的埋地敷设。

（9）实施检验的难度大，如对于高空和埋地管道的检验始终是难点。

（10）压力管道元件数量多、标准多。

二、压力管道的类别与组成

（一）压力管道的类别划分

压力管道的用途广泛，品种繁多。不同领域内使用的管道，其分类方法也不同，可以按主体材料、敷设位置、输送介质特性、用途及以及安全监督管理的需要进行分类。

（1）按主体材料划分，可分为金属管道和非金属管道。金属管道又可分为铸铁管道、碳钢管道、低合金钢管道、不锈钢管道、有色金属管道等。非金属管道包括塑料管道、玻璃钢管道、金属复合管道、非金属复合管道。

（2）按敷设位置划分，可分为架空管道、埋地管道、地沟敷设管道。

（3）按介质压力分类，通常可分为超高压管道（＞42 MPa）、高压管道（10 ~ 42 MPa）、中压管道（1.6 ~ 10 MPa）、低压管道（＜1.6 MPa）。

（4）按介质温度分类，一般可分为高温管道（＞200 ℃）、常温管道（–29℃ ~ 200 ℃）、低温管道（＜–29 ℃）。

（5）按介质毒性分类，可分为剧毒管道（极度危害）、有毒管道（非极度危害）、无毒管道。

（6）按介质燃烧特性分类，分为可燃介质管道、非可燃介质管道。

（7）以介质腐蚀性分类，分为强腐蚀性介质管道、腐蚀性介质管道、非腐蚀性介质管道。

（8）按毒性、燃烧特性等特征对流体进行分类，分为A1类流体、A2类流体、B类流体、D类流体、C类流体。然后根据流体分类方便地提出内部为相应介质管道的要求。

A1类流体指剧毒流体，在输送过程中如有极少量的流体泄漏到环境中，被人吸入或与人体接触时，能造成严重中毒，脱离接触后，不能治愈。相当于《职业性接触毒物危害程度分级》（GB 5044）中Ⅰ级（极度危害）的毒物。

A2类流体指有毒流体，接触此类流体后，会有不同程度的中毒，脱离接触后可治愈。相当于《职业性接触毒物危害程度分级》（GB 5044）中Ⅱ级（高度、中度、轻度危害）的毒物。

B类流体指该类流体在环境或操作条件下是一种气体或可闪蒸产生气体的液体，这些液体能点燃并在空气中连续燃烧。

D类流体指不可燃、无毒、设计压力小于或等于1.0MPa和设计温度高于-20℃~186℃之间的流体。

C类流体指不包括D类流体的不可燃、无毒的流体。

《工业金属管道设计规范》（GB 50316—2000，2008年版）采用该种分类方法。

（9）按管道用途分类，分为长输油气管道、城镇燃气管道、热力管道、工业管道（包括工艺管道、公用工程管道）、动力管道、制冷管道、油气田集输管道。

（二）压力管道的组成

压力管道由管子、管件、阀门、法兰、补偿器等压力管道元件以及安全保护装置（安全附件）、附属设施等组成。

安全保护装置包括紧急切断装置（紧急切断阀等）、安全泄压装置（安全阀、爆破片等）、测漏装置、测温测压装置（温度表、压力表）、静电接地装置、阻火器、液位测试装置（液位计）和泄漏气体安全报警装置（声、光报警装置）。

附属设施指阴极保护装置、压气站、泵站、阀站、调压站、监控系统等。

1. 长输（油气）管道

长输（油气）管道的输送距离长，常穿越多个行政区划，甚至国界；大多设有中途加压泵站；一般有穿跨越工程；绝大部分埋地敷设，管线常经过不良土壤区域（沙漠、沼泽、湿陷性黄土）以及丘陵、山区、平原；管线常需经过村庄、市郊居住区、厂矿、危险性仓库、自然保护区等区域。

我国的长输（油气）管道主要集中在石油、石化、燃气系统中，按输送介质的不同分为输油管道、输气管道、油气混输管道，其中输油管道又分为原油和成品油两类。输油管道和输气管道的敷设方式基本相同，管道组成结构基本相似。

（1）输油管道。

输油管道分为原油管道与成品油管道。

原油管道是将油田生产的原油输送至炼厂、港口、铁路运转站的长距离输油管道，它由各类型输油站、管线及有关辅助设施构成。原油管道分为等温输送与加热输送管道。

成品油管道是将炼油厂生产的油品送至各分输站、运转站或油库，向市场直接供应商品油。

原油管道与成品油管道均由输油站、线路及附属设施组成。两者具有分输功能，区别是后者起点或中途加油站场是与炼油厂相连接。

（2）输气管道。

输气管道是由站场、线路、辅助工程设施组成。输气管道是连接气田净化气处理厂与城市门站之间的干线输气管道，它具有输量大、压力高、距离远的特点。

2. 公用管道

公用管道包括城镇燃气管道（天然气、人工燃气、液化石油气等）和城镇热力管道（热水与蒸汽），多为地下敷设。由于城镇人口与建、构筑物稠密，各种地下管线和设施较多，为安全起见，一般公用管道压力比较低，以尽量避免介质泄漏而发生安全事故。在城镇由于各类用户繁多，道路纵横交错，楼房鳞次栉比，公用管道要通向每一个用户，因此管道密集，选线十分困难，做好各种公用管道的布线，十分重要。

（1）城镇燃气管道。

①城镇燃气管道的分类。

城镇燃气管道可分为输气管道（由气源厂或门站、储配站至各级调压站输送燃气的主干管线）、分配管道（在供气地区将燃气分配给工业企业用户、商业用户和居民用户。分配管道包括街区的和庭院的分配管道）、用户引入管和室内燃气管道。

城镇燃气管道根据输气压力户分为：高压A（$2.5\ MPa < p \leq 4.0\ MPa$）、高压B（$1.6\ MPa < p \leq 2.5\ MPa$）、次高压A（$0.8\ MPa < p \leq 1.6\ MPa$）、次高压B（$0.4\ MPa < p \leq 0.8\ MPa$）、中压A（$0.2\ MPa < p \leq 0.4\ MPa$）、中压B（0.012 MPa）、低压（$p < 0.01\ MPa$）。

②城镇燃气输配系统的构成。

现代化的城镇燃气输配系统是复杂的综合设施，主要由下列几部分构成：a. 低压、中压、次高压以及高压等不同压力的燃气管网。b. 门站、储配站。c. 分配站、压送站、调压计量站、区域调压站。d. 信息与电子计算机中心。

③城镇燃气管网系统。城镇燃气输配系统的主要部分是燃气管网，根据所采用的管网压力级制不同可分为：a. 一级系统。仅用低压管网来分配和供给燃气，一般只适用于小城镇的供气系统。b. 两级系统。由低压和中压或低压和次高压两级管网组成。低压－次高压两级管网系统气源为天然气，用长输管线的末段储气。低压－中压两级管网系统的气源是人工燃气，用低压储气罐储气。c. 三级系统。包括低压、中压（或次高压）和高压的三级管网。气源是来自长输管线的天然气（也可以是高压的人工燃气），用高压储气罐储气。

d. 多级系统。由低压、中压、次高压和高压的管网组成。气源是天然气，供气系统用地下储气库、高压储配站以及长输管线储气。

（2）热力管道。

城镇供热系统分为分散供热和集中供热两种类型，目前以后者为主。集中供热系统是指一个或多个集中的热源通过供热管网向多个热用户供应热能的系统，它主要由热源、热网和热用户组成。热网是指由热源向热用户输送和分配供热介质的管线系统，即热力管道。

供热管网是连接供热热源与热用户的纽带，是集中供热系统的重要组成部分。城市供热管网一般供热参数如下：蒸汽管网压力≤ 2.5 MPa，温度≤ 350 ℃，热水管网压力≤ 1.6 MPa，温度≤ 150 ℃。

说明：供热管网按其平面布置形式可分为枝状管网、环状管网和多管制管网。枝状管网是目前我国城市供热中普遍采用的形式。

3. 工业管道

工业管道是由管道组成件和支承件组成。

管道组成件是指用于连接或装配管道的元件。它包括管子、管件、法兰、垫片、紧固件、阀门以及膨胀接头、挠性接头、耐压软管、疏水器、过滤器和分离器等。

管道支承件是指管道安装件和附着件的总称。其中安装件是指将负荷从管子或管道附着件上传递到支承结构或设备上的元件。它包括吊杆、弹簧支吊架、斜拉杆、平衡锤、松紧螺栓、支撑杆、链条、导轨、锚固件、鞍座、垫板、滚柱、托座和滑动支架等。附着件是指用焊接、螺栓连接或夹紧等方法附装在管子上的零件，它包括管吊、吊（支）耳、圆环、夹子、吊夹、紧固夹板和裙式管座等。

工业管道的构成并非千篇一律，由于它所处的位置不同，功能有差异，所需要的元器件就不同，最简单的就是一段管子。

三、压力管道的生产过程

压力管道的安全与压力管道的设计、安装、维修、改造过程紧密相关，按照国务院第412 号令《国务院对确需保留的行政审批项目设定行政许可的决定》第 249 项规定，压力管道的设计、安装、使用、检验单位和人员资格认定等行政许可项目，由国家质检总局和县级以上质量技术监督部门负责实施；国家质检总局专门颁布了《压力管道设计安装使用检验许可程序和要求（试行）》的规定。

（一）压力管道设计

压力管道的设计合理与否是关系压力管道能否安全运行的基本保证，它是“优生”的基础。一般应考虑设计单位、设计人员、设计标准、设计程序、设计手段、设计过程质量控制等问题。设计单位、设计人员资格的监督管理按《压力容器压力管道设计单位资格许可与管理规则》的有关规定进行。

1. 压力管道设计程序

压力管道工程的设计程序一般分为初步设计（基础设计）和施工图设计两步。首先根据项目建议书和可行性研究报告进行初步设计。初步设计经审查批准后，再进行施工图设计。

（1）初步设计（基础设计）。

长输管道的初步设计阶段还要先经过管道线路的勘察和管道线路的定线，其中勘察又分为踏勘、初步勘察和详细勘察 3 个阶段。

燃气管道初步设计根据设计委托书，对可行性研究报告确定的方案进行技术设计并对项目进行工程概算。初步设计完成后要进行审查。审查内容包括燃气工艺及配套设施、投资概算及环保、消防与安全卫生等方面的设计。

工业管道初步设计要根据生产规模，进行物料衡算、热量衡算和水力计算等。按照物料的流量及该物料的允许流速确定管径，按照不同介质特性、压力等级、工作温度等因素确定压力管道元件及附件，绘制流程图（系统图）、布置图、并对主要管道进行应力计算。

（2）工业管道的施工图设计。

①长输管道设计。

在进行长输管道的设计时，要进行管道线路结构设计，它包括输油管道、管道附件和支撑件的结构设计，输气管道、管道附件的结构设计；要进行管道穿跨越设计，它包括穿越工程设计和跨越工程设计。进行穿越工程设计时，通常要按穿越水域、穿越冲沟、穿越涵洞（隧道）、穿越铁路和公路等情况分别设计。也要进行管道抗震设计和管道防腐设计。其中管道防腐设计考虑阴极保护和管道防腐层的设计。

输油管道设计时要考虑管道所承受的载荷和作用力。管道、管道附件和支承件，应根据敷设形式、所处环境和运行条件，按可能出现的永久载荷，可变载荷、偶然载荷以及临时载荷组合后进行设计。设计时要进行许用应力的计算，进行管道及弯头、弯管等壁厚计算，输油管道材料和附件的选择、输油管道的强度校核和输油管道的刚度和稳定性计算。

输气管道设计采用安全强度原则，对输气管道地区进行等级划分。其划分原则是将输气管道通过的地区，按沿线居民户数和（或）建筑物的密集程度，划分为 4 个地区等级，并依据地区等级作出相应的管道设计。

②城镇燃气管道设计。

城镇燃气输配工程施工图设计包括门站、储配站、燃气管网、调压站等的设计。其中燃气管网的设计分为输气干管和中低压管网两部分。输气干管的设计包括平面布置图，管道平面控制与纵断面图，凝水缸安装图，穿越铁路、公路、河流图，清管球收发站的设计图等。中低压管网的设计包括管网平面布置图、平面与纵断面图。

③工业管道设计。

工业管道的施工图设计阶段，要先绘制详细的管道流程图和设备布置图，然后再设计管道平面、立面布置图、绘制单线图和伴热管系图等。在此基础上，编制管线一览表、综合材料表、油漆保温一览表等。

2. 压力管道设计规范

对于长输管道，主要执行《输气管道工程设计规范》（GB 50251—2003）、《输油管道工程设计规范》（GB 50253—2003）、《埋地钢质管道阴极保护技术规范》（GB/T 21448—2008）等标准。

对于公用管道，主要执行《城镇燃气设计规范》（GB 50028—2006）、《城市供热管网设计规范》（CU 34—2010）等标准。

对于工业管道，主要执行《工业金属管道设计规范》（GB 50316—2000，2008 版）、《油气集输设计规范》（GB 50350—2005）、《石油化工金属管道布置技术规范》（SH 3012—2011）、《工业设备及管道绝热工程设计规范》（GB 50264—2013）等标准。

3. 压力管道设计输出

长输管道、公用管道的设计文件应当符合相关标准的规定。而工业管道设计文件至少应当包括图纸目录、工程规定（包括管道等级表）、管道一览表、管道平面布置图、轴测图、强度计算书、管道应力分析书，必要时还应当包括施工安装说明书。

（二）压力管道元件制造

压力管道元件制造实施许可制度，执行的安全技术规范为《压力管道元件制造许可规则》（TSGD 2001—2006）。

除实施制造许可外，对于埋弧焊钢管和聚乙烯管还实施制造过程监督检验制度。

（三）压力管道安装

（1）安装资质及安装常用标准规范。从事压力管道安装的单位必须具有安装相应类别级别压力管道的资格。如何取得相应的安装资格按照《压力管道安装单位资格认可实施细则》的有关规定执行[①]。

（2）进行压力管道安装所需配置的资源。压力管道安装所需配置的资源主要有质量管理体系、工程施工人员、施工用设备、施工程序和检查手段等。

压力管道的施工，一般采用工程项目管理法，按照工程项目建立质量管理体系、配置相应的人员、设备等。

（四）压力管道的维修改造

① 姜磊，金路，黄浩.压力管道安装质量常见问题分析[J].特种设备安全技术，2020（06）：25-26+40.

压力管道的维修改造是指将管道系统恢复到适合在设计条件下安全运行的必要工作。如果某些维修改造改变了设计温度或压力，则应满足再定级的要求。一般情况下，对承压管道组成件的焊接、切割或打磨行为都认为是修理行为。

从事压力管道维修与技术改造的单位必须具备一定的基本条件，具有质量技术监督部门认可的相应范围的维修改造资质，完善的组织机构和质量保证体系，具有与之相应的技术力量、工装设备和检测手段。对压力管道进行重大技术改造时，其技术和管理要求应与新建压力管道的要求一致。

压力管道的维修与技术改造一般指以下几个方面的技术变动：

（1）较大数量地更换原有管线。国外有的规定管线长度为500m以上。

（2）改变公称直径。因为公称直径的变更将会导致介质的流速、流量、管道的应力、应变等一系列技术参数的变化。

（3）提高工作压力。有时工作压力的提高使管道的管理级别发生了变化。

（4）改变了输送介质的化学成分，输送介质化学成分的变动使得原有管道系统的环境因素发生了变化。

（5）提高了工作温度。工作温度是决定管道选材的根本因素，温度的变更会导致原有管道材料性能劣化。

（6）其他如管道控制系统的变更。

压力管道维修改造的内容主要有：积垢的清理、壁厚减薄的修理、裂纹的修理、其他缺陷的修理、泄漏的排除。

压力管道维修改造技术包括带压堵漏、带压开孔、带压焊接、腐蚀防护系统改造技术、管道复合材料修复技术等。

第四节　起重机械及其安装

《特种设备安全监察条例》定义的起重机械是：用于垂直升降或者垂直升降并水平移动重物的机电设备，其范围规定为额定起重量大于或者等于0.5 t的升降机；额定起重量大于或者等于1 t，且提升高度大于或者等于2m的起重机和承重形式固定的电动葫芦等。包括其所用的材料、安全附件、安全保护装置和与安全保护装置相关的设施。

《起重机术语第1部分：通用术语》（GB/T 6974.1—2008）对起重机定义如下：起重机是用吊钩或其他取物装置吊挂重物，在空间进行升降与运移等循环性作业的机械。

一、起重机械的工作原理、用途及其特点

（一）起重机械的工作原理

起重机械通过起重吊钩或其他取物装置起升或起升加移动重物。起重机械的工作过程

一般包括起升、运行、下降及返回原位等步骤。起升机构通过取物装置从取物地点把重物提起；运移、回转或变幅机构把重物移位，在指定地点下放重物后返回到原位。

（二）起重机械的主要用途

起重机械是一种空间运输设备，主要作用是完成重物的位移。它可以减轻劳动强度，提高劳动生产率。起重机械是现代化生产不可缺少的组成部分，有些起重机械还能在生产过程中进行某些特殊的工艺操作，使生产过程实现机械化和自动化。

桥式、门式起重机广泛用于工业企业、港口码头和铁路车站、仓库物流、电站。

塔式起重机主要用于房屋建筑、市政建设、水电和道路建设及设备安装等场所，特别是在工业和民用建筑施工中，它能安装在靠近建筑物的地方，充分发挥其起重能力，并能随着建筑物的升高而升高，满足高层或超高层建筑施工的需要。

流动式起重机特点是机动灵活，是能在带载或空载情况下，沿无轨道路行驶，依靠重力保持稳定的臂架型起重机，被广泛地用于港口、车站、货场、物流中心和工厂等地的货物的装卸，也用于建筑施工和设备安装。

门座起重机主要用于港口、码头货物的装卸，造船企业的船舶制造、安装及修理，以及大型水电、火电工地的施工。

施工升降机主要应用于建筑施工与维修，也可以作为仓库、码头、船坞、高塔、高烟囱等处的运输机械。

轻小型起重设备体积小、重量轻，安装搬运方便，还能安装外形尺寸大、重量较重的特殊构件（如网架结构），特别适用于维修工作，以及场地狭小不能使用其他起重设备的作业场所。

（三）起重机械的工作特点

通过综合分析，起重机械工作特点可概括如下：

（1）通常结构庞大，机构复杂，能完成一个起升运动、一个或几个水平运动。在作业过程中，常常是几个不同方向的运动同时操作，技术难度较大。

（2）所吊运的重物多种多样，有的重物重达几百吨乃至上千吨，有的物体长达几十米，形状也很不规则，有散粒、热熔状态、易燃易爆危险物品等，吊运过程复杂而危险。

（3）大多数起重机械，需要在较大的空间范围内运行，有的要装设轨道和车轮（如塔式、桥式起重机等）；有的要装上轮胎或履带在地面上行走（如汽车、履带起重机等）；有的需要重物在钢丝绳上行走（如缆索起重机），活动空间较大，一旦造成事故影响范围也较大。

（4）有的起重机械载运人员，在轨道、平台或钢丝绳上做升降运动（如升降平台等），其可靠性直接影响人身安全。

（5）暴露的、活动的零件比较多，且常与起重作业人员直接接触（如吊钩、钢丝绳等），潜在许多偶发的危险因素。

（6）作业环境复杂。作业场所常常会存在高温、高压、易燃易爆、输电线路、强磁等危险因素，对设备和作业人员构成威胁。

（7）一些起重作业常常需要指挥、捆扎、驾驶等作业人员共同实施，要求配合熟练、动作协调、互相照应。

二、起重机械的分类与组成

（一）起重机械的分类

按功能和结构特点，起重机械可分为轻小型起重设备、起重机、升降机、工作平台、机械式停车设备等5类起重设备，简介如下：

1. 轻小型起重设备

轻小型起重设备构造紧凑，动作简单，作业范围投影以点、线为主。分为千斤顶、滑车、电动葫芦、卷扬机等。

2. 起重机

起重机是用吊钩或其他取物装置吊挂重物，在空间进行升降与运移等循环性作业的机械。

（1）按构造分为：①桥架型起重机：取物装置悬挂在可沿桥架运行的起重小车、葫芦或臂架式起重机上的起重机。如桥式起重机、门式起重机。②臂架型起重机：取物装置悬挂在臂架上或沿臂架运行的小车上的起重机。如门座起重机、塔式起重机、流动式起重机等。③缆索型起重机：挂有取物装置的起重小车沿架空承载绳索运行的起重机。如缆索起重机、门式缆索起重机。缆索型起重机较为少见，这里不作重点介绍。

（2）按取物装置和用途分为吊钩起重机、抓斗起重机、电磁起重机、电磁料箱起重机、抓斗料箱起重机、平炉加料起重机、电极棒起重机、桥式堆垛起重机、铸造起重机、加热炉装取料起重机、锻造起重机脱锭起重机、均热炉夹钳起重机、挂梁起重机、集装箱起重机等。

（3）按移动方式分为固定式起重机、爬升式起重机、便移式起重机、径向回转式起重机、行走式起重机、自行式起重机、拖行式起重机等。

（4）按驱动方式分为手动起重机、电动起重机、液压起重机等。

（5）按回转能力分为回转起重机、非回转起重机。

3. 升降机

升降机是重物或取物装置只能沿导轨升降的起重机械，如施工升降机、简易升降机等。

（1）施工升降机按构造方式分为：①齿轮齿条式升降机，采用驱动齿轮带动吊笼沿导轨架上的齿条上下运动的升降机；②钢丝绳式升降机，采用卷扬机牵引钢丝绳带动吊笼在导轨架上做上下运动的升降机；③混合式升降机，一个吊笼采用齿轮齿条传动，另一吊笼采用钢丝绳提升的升降机。

（2）简易升降机常见的形式为井字架（井架、竖井架）和门式架（门架、龙门架）。

4. 工作平台

按构造分为桅杆爬升式升降工作平台、移动式升降工作平台。

5. 机械式停车设备

机械式停车设备是近年发展起来的一种特种设备，主要用于停放机动车辆，节省宝贵的土地资源。按照特种设备目录，机械式停车设备属于起重机械。

（二）起重机械的组成和结构特点

起重机械种类繁多，结构各异，但通常均由金属结构、主要零部件、工作机构、电气设备和安全防护装置等五部分组成。

轻小型起重设备结构较为简单，不进行具体介绍。下面主要介绍起重机、升降机和机械式停车设备的组成及结构特点。

1. 金属结构

金属结构一般由若干杆件组成，杆件由钢板和型钢等构成，各杆件之间以及组成杆件的各钢板和型钢之间以某种方式加以连接，常用的连接方法有铆接、焊接、螺栓连接和销轴连接等。

经事故统计分析发现，有相当数量的起重机失效是发生在其金属结构的连接处。

金属结构的分类如下：

（1）金属结构中最常用的结构形式可分为杆系结构和板结构。杆系结构由许多杆件焊接而成，板结构由薄板焊接而成。

（2）按金属结构的外形不同，分为门架结构、臂架结构、车架结构、转柱结构、塔架结构等。这些结构可以是杆系结构，也可以是板结构。

（3）按组成起重机金属结构的连接方式不同，可分为铰接结构、刚接结构和混合结构。

（4）起重机金属结构按照作用载荷与结构在空间的相互位置不同，分为平面结构和空间结构。

（5）按起重机金属结构的几何构造和计算方法来分，可分为静定结构和超静定结构。

2. 主要零部件

主要零部件有取物装置、钢丝绳、制动器、滑轮、卷筒等，下面主要介绍取物装置、钢丝绳、制动器。

（1）取物装置。

取物装置分为吊钩、抓斗、电磁吸盘等形式，其中应用最广泛的是吊钩。

吊钩是最常见的取物装置。其端部做成钩状，可分为单钩和双钩两种，截面形状有圆形、方形、梯形和 T 字形等。单钩的制造与使用比较方便，常用于较小的起重量；双钩的受力比较有利，常用于较大的起重量。

（2）钢丝绳。

钢丝绳是起重机的重要零件之一。钢丝绳具有强度高、挠性好、自重轻、运行平稳、极少突然断裂等优点，因而广泛用于起重机的起升机构、变幅机构、牵引机构。钢丝绳由一定数量的钢丝和绳芯经过捻制而成。首先将钢丝捻成股，然后将若干绳股围绕着绳芯制成绳。绳芯是被绳股所缠绕的挠性芯棒，起到支撑和固定绳股的作用，并可以储存润滑油，增加钢丝绳的挠性。

按钢丝绳中股的数目分，有 4 股、6 股、8 股和 18 股钢丝绳等，目前起重机上多采用 6 股的钢丝绳；按钢丝绳的钢丝和绳股之间捻挠的方向分为顺绕绳、交绕绳、混绕绳；按股的接触状态分为点接触钢丝绳、线接触钢丝绳、面接触钢丝绳；按钢丝绳的绕向分为右绕绳和左绕绳。

钢丝绳的损坏主要是在长期使用中，钢丝绳的钢丝或绳芯由于磨损与疲劳，逐步折断。钢丝绳的报废标准，应依据《起重机钢丝绳保养、维护、安装、检验和报废》（GB/T 5972—2009）进行判定。有关项目包括断丝的性质和数量，绳股的折断情况，绳芯损坏而引起的绳径减小、弹性降低的程度，外部及内部磨损情况，外部及内部腐蚀情况，变形情况、由于热或电弧造成的损坏情况。

（3）制动器。

制动器是使机构停止运转或防止机构运转的装置，是保证起重机安全正常工作的重要部件。制动器分为常闭式、常开式和综合式种型式。起重机上多采用常闭式制动器，即机构不工作期间，制动器处于抱闸制动状态。欲使机构工作，须通过外力使制动器松闸，机构即可运转。按构造形式可分为短行程块式制动器、长行程块式制动器、液压推杆块式制动器、液压电磁铁块式制动器、圆盘式制动器、锥盘式制动器、带式制动器等几种。其中块式制动器因其构造简单、制造安装调整方便而应用最广。短行程块式制动器主要用于轻级或中级工作制的起重机上；长行程块式制动器只适用于起升机构；液压推杆块式制动器用于运行机构和回转机构较好，缺点是制动较慢，用在起升机构时有“溜钩”现象；液压电磁铁块式制动器适用于各种机构；圆盘式制动器一般装在低速轴或者卷筒轴上；锥盘式制动器目前被电动葫芦广泛使用，一些制动力矩小的轻小型起重设备也会使用；带式制动器在流动式起重机上使用较多，作为安全制动器还常装在低速轴或卷筒上。

3. 工作机构

因起重作业的需要，起重机要做起升、下降、移动、回（旋）转、变幅、爬升和伸缩等动作，而这些动作要由起升机构、运行机构、回转机构、变幅机构等相应的机构来完成。

（1）起升机构。

①起升机构工作原理。

起升机构是升降重物的机构，是起重机最重要、最基本的机构。电动机通过联轴器与减速器的高速轴连接，减速器的低速轴带动卷筒，钢丝绳卷上或放出，经过滑轮组系统使吊钩起升或下降；通过制动器动作能使吊钩连同重物悬停在空中。起重机一般只有一个起升机构，桥门式起重机当有主、副钩时，有两个起升机构；门座起重机起重量较大时，除主起升机构外，还有副起升机构。

常见的电动葫芦实际上是把上述起升机构和控制装置一体化。

②起升机构的组成。

起升机构主要由驱动装置、传动装置、卷绕系统、取物装置、制动装置和安全防护装置等组成。此外，根据起重作业需要可以增设各种辅助装置，如重量计量装置等。

驱动装置：驱动装置是实现重物升降的动力源。其形式可分为集中驱动和分别驱动两类。集中驱动采用一台原动机带动各个机构，其传动装置与操作系统复杂。采用分别驱动时，每个机构分别由各自的电动机驱动，其特点是布置方便、安装和检修容易。分别驱动是现代起重机的主要形式。

传动装置：传动装置包括传动轴、联轴器、减速器等。

卷绕系统：起升钢丝绳从卷筒上绕进绕出，经过滑轮组，把取物装置（吊钩、抓斗、电磁吸盘等）连接起来。卷绕系统对起重作业安全影响很大。根据有关事故统计，由于卷绕系统造成的人身伤害事故占起重伤害事故的 30% ~ 40%。

制动装置：起重机起升机构必须采用常闭式制动器。在起重作业中，制动器可以停止卷筒运转，防止起吊的重物下落，也可使被吊重物悬停在空中。

（2）运行机构。

起重机的运行机构就是使起重机或起重小车做水平运动，分为工作性的运行机构和非工作性的运行机构。工作性的运行机构用来吊运重物，非工作性的运行机构只是用来调整起重机的工作位置。对不同类型的起重机，其运行机构的设备组成及结构特点是各不相同的。

运行机构按有无轨道分为有轨和无轨两种。一般起重机采用有轨运行机构，有轨运行机构通常可分为大车运行机构和小车运行机构，其工作时车轮在钢轨上行驶，通过大车运行机构和小车运行机构的复合运动来实现吊点定位；无轨运行机构采用轮胎或履带，在普通道路上行驶。汽车起重机、轮胎起重机和履带起重机的运行机构属于无轨运行机构。

运行机构按驱动方式又分为自行式和牵引式两种。自行式运行机构的驱动装置安装在运行部分上，其驱动力是靠主动轮与轨道间的摩擦力（附着力）；牵引式运行机构是由运行部分以外的驱动装置驱动，一般是钢丝绳牵引，运行部分质量较小，用于大跨度的悬臂起重机，由于不受附着力的限制，可以用较大的运行速度以及较大的坡度运行。

①大车运行机构：桥式起重机、门式起重机、门座起重机、岸边集装箱起重机都设有大车运行机构。起重机大车运行机构主要由运行支承装置和运行驱动装置两部分组成，运行支承装置由车轮和轨道构成；运行驱动装置由电动机或内燃机、减速器与制动器构成。驱动形式有分别驱动和集中驱动两种。

大车运行机构主要由电动机、减速器、制动器、传动轴、联轴器和车轮等零部件组成。

②小车运行机构：a. 桥架型起重机小车运行机构，常见的有电动葫芦运行机构、车架式运行机构等。取物装置通常装设在小车运行机构上，小车运行机构主要由电动机、减速器、制动器、传动轴、联轴器和车轮等零部件组成。b. 回转型起重机小车运行机构用于工作性变幅，幅度的改变是通过起重小车沿着水平的臂架运行来实现的，如水平变幅的塔式起重机。起重小车主要由车架、行走滚轮、导向轮、起升绳等组成。

③塔式起重机运行（行走）机构。轨道行走式塔式起重机运行在枕木或混凝土轨枕铺设的轨道上。其行走机构由电动机、减速器、制动器、台车、车轮、夹轨器、行程限位器和缓冲器等组成。

（3）变幅机构。

变幅机构是使臂架倾角变化而改变起重机幅度的机构，装设在回转类型起重机上，如门座起重机、流动式起重机和部分塔式起重机等。其组成大多数与卷扬机的结构类似，包括电动机、制动器、联轴器、减速器和卷筒等。在带载条件下进行变幅称为工作性变幅；在空载条件下变幅称为非工作性变幅。由于整个变幅结构及重物是由变幅绳承受，需特别关注变幅机构的安全。

（4）回转机构。

回转机构（有时也称旋转机构）作用是使起重机实现回转运动，达到在水平面内吊运重物的目的。塔式起重机、流动式起重机、门座起重机一般装有回转机构。塔式起重机和门座起重机的回转机构主要由回转支承装置、驱动装置和制动装置组成；流动式起重机的回转机构主要由回转驱动装置、回转支承、缓冲装置和制动装置组成。当采用制动器作为制动装置时，必须使用常开式制动器。

（5）其他工作机构。

起重机上常用的工作机构还有顶升机构、架设机构、支腿及起重臂伸缩机构和悬臂俯仰机构等。顶升机构主要用于自升式塔式起重机加装、拆卸塔身标准节和在建筑物内部爬升；架设机构主要用于快速安装型塔式起重机的自行架设；支腿机构和起重臂伸缩机构主要用于流动式起重机支腿和起重臂的伸缩；悬臂俯仰机构是岸边集装箱起重机所特有的机构，主要用于不工作时可以升起（两侧）前臂梁，使船舶有自由活动的空间。

4. 电气设备

起重机的电气设备主要由供电系统、电动机、各种控制电器（控制器、各种开关和断路器、接触器、继电器、电阻器等）组成，分为电力拖动和电气控制等部分。电力拖动部分的作用是为起重机各机构的运行提供动力和速度控制；电气控制部分的作用是对起重机进行操纵和控制。

（1）供电系统。起重机一般使用交流电，采用软电缆供电和滑线供电。采用软电缆供电时，应备有一根专用芯线作为接地线；采用滑线供电时，对安全要求高的场合也应备有专用接地滑线。

滑线固定在大车轨道承轨梁侧和大车主梁走台上，集电器则固定在起重机电源导电架上和小车导电架上，依靠两者互相滑动或滚动摩擦来供电。

（2）电动机。电动机为起重机提供动力，由于在运行中需要承受频繁的起动、正反转、制动及机械振动和冲击，还要适应各种工作环境和温度变化，选用电动机时应优先选用起重冶金专用电动机。

（3）控制器。控制器用于控制起重机各机构的电动机起动、制动和正反转，它是起重机重要操作设备之一。控制器对电动机的控制，根据切断电路型式不同分为直接控制、半直接控制、间接控制等方式。控制器由机械部分、电气部分、防护部分等三部分组成。常用的控制器有鼓形控制器、凸轮控制器、主令控制器和联动控制台等类型。目前在用起重机大部分采用凸轮控制器和主令控制器，发展趋势是采用联动控制台。

（4）过电流继电器。目前在起重机上采用的过电流继电器有两种类型：一种是瞬时动作的过电流继电器，如 JL5 系列，它可作为起重机的过载保护；另一种是反时限动作的过电流继电器，如 JL12 系列，它可作为起重机的过载和短路保护。

（5）熔断器。在起重机主回路、控制回路、照明回路中均设有熔断器。熔断器起短路保护作用。当回路中发生短路或机构被卡住而造成电动机严重过载时，熔断器在瞬间熔化而切断供电线路。

（6）主电源开关。主电源开关用于接通或者切断起重机电源。

（7）电气保护设施。

①零位保护。其作用是当控制器不在零位时，按下启动按钮总接触器不能吸合。凡是用控制器控制的起重机各机构，都必须有零位保护。

②失压保护。其作用是当电源电路停电时，确保电路能自动分断，失压保护常用总接

触器来实现。

③短路保护。其作用是电气电路中发生短路故障时，能自动切断故障回路的电源。短路保护常用熔断器及自动开关或过电流继电器来实现。

④过电流保护。其作用是当电动机超载运行，回路工作电流超过额定工作电流时，能自动切断电源。过电流保护常用过电流继电器来实现。

⑤错断相保护。其作用是供电电源发生错相、断相时，总电源接触器不应接通。

⑥超速保护。其作用是防止可调速电动机超速。

三、起重机械的生产过程

（一）起重机械的设计

起重机械的设计必须符合国家有关法律、法规、安全技术规范和标准的规定。起重机械制造单位和专业设计单位对所设计的起重机械安全性能负责。

（二）起重机械的制造

制造单位应当采用符合安全技术规范要求的起重机械设计文件。起重机制造过程，以某起重机制造单位的桥式起重机为例，通常包括设计、材料采购与检验、主梁制作、大车制作（主梁与大车组合）、走道制作、小车轨道安装、端梁制作、固定式钢直梯制造、安装设备铭牌、起重量标志等环节。

起重机械制造过程应当按照安全技术规范等规定的范围、项目和要求，由制造所在地的检验检测机构进行监督检验。

起重机械一般分为整机出厂和部件出厂。起重机械出厂时，应当附有设计文件（包括总图、主要受力结构件图、机械传动图和电气、液压系统原理图）、产品质量合格证明、安装及使用维修说明、监督检验证明、有关型式试验合格证明等文件。

（三）起重机械的安装、改造与维修

起重机械安装、改造、维修应当由依法取得安装、改造、维修许可的单位进行，在安装、改造、维修前应当按照规定向施工所在地的特种设备安全监督管理部门告知；在施工前向施工所在地的检验检测机构申请监督检验；安装、改造、维修单位应当在施工验收后30日内，将安装、改造、维修的技术资料移交使用单位[①]。除了流动式起重机和某些起重机外，其他类起重机械需通过现场安装完成后才能实现其运行功能。

---

① 窦凯奇.起重机械安装改造维修问题及处理措施[J].技术与市场，2020，27（12）：165+167.

第三章 常见特种设备及其安装（二）

第一节 电梯及其安装

在《特种设备安全监察条例》中，电梯是指动力驱动，利用沿刚性导轨运行的箱体或者沿固定线路运行的梯级（踏步），进行升降或者平行运送人、货物的机电设备，包括载人（货）电梯、自动扶梯、自动人行道等。包括其所用的材料、安全附件、安全保护装置和与安全保护装置相关的设施。

《电梯、自动扶梯、自动人行道术语》（GB/T 7024—2008）对电梯、液压电梯、杂物电梯、家用电梯、自动扶梯、自动人行道分别定义如下：

电梯即载人（货）电梯：服务于建筑物内若干特定的楼层，其轿厢运行在至少两列垂直于水平面或与铅垂线倾斜角小于15° 的刚性导轨运动的永久运输设备。

液压电梯：依靠液压驱动的电梯。

杂物电梯：服务于规定层站的固定式提升装置。具有一个轿厢，由于结构形式和尺寸的关系，轿厢内不允许人员进入。

家用电梯：安装在私人住宅中，仅供单一家庭成员使用的电梯。它也可以安装在非单一家庭使用的建筑物内，作为单一家庭进入其住所的工具。

自动扶梯：带有循环运动梯级，用于向上或向下倾斜输送乘客的固定电力驱动设备。

自动人行道：带有循环运行（板式或带式）走道，用于水平或倾斜角不大于12° 输送乘客的固定电力驱动设备。

一、电梯的用途和工作原理

（一）电梯的主要用途

电梯的主要用途是垂直或倾斜、水平地输送人和物。

在高层建筑中，电梯是不可缺少的运输设备，每天都有大量的人流和物流需要由电梯来输送。如：上海浦东超高层建筑金茂大厦有88层，建筑面积22万 m^2，集金融、商业、办公和旅游为一体，其中安装60部电梯、18部自动扶梯。

除了超高层建筑，在高层和多层的宾馆饭店、办公和住宅楼，电梯也是不可缺少的输送工具，特别是近几年建设的各类住宅小区，大量使用电梯，电梯成为居民生活中不可缺少的生活设施。在服务性和生产性部门，如医院、商场、仓库、车站、机场等，也需要大量的病床电梯、载客电梯、载货电梯、自动扶梯和自动人行道。随着经济、技术和社会的不断发展，电梯将得到越来越广泛的应用，涉及人们生产和生活的方方面面。

（二）电梯的工作原理及特点

电梯实质上属于起重运输机械范畴，但电梯通常需要运送人员，必须十分安全，并且乘坐舒适、快捷。电梯是一种高度自动化的设备，使用者不需要训练都能自行操纵和使用，使乘客和货物安全地到达希望到达的楼层。下面以较为常见的曳引驱动电梯、自动扶梯和自动人行道为例，简要介绍电梯的工作原理及特点。

（1）曳引驱动电梯。曳引驱动电梯是目前使用最广泛的一种垂直升降电梯。电梯的工作原理非常简单，电动机驱动曳引轮旋转，通过曳引轮绳槽与曳引钢丝绳的摩擦传动，实现钢丝绳两端的电梯轿厢和对重上升或下降运行。为了确保安全、舒适、高效，电梯还须配备各种安全保护装置、门系统、电力拖动系统、电气控制系统等。

曳引驱动电梯的特点是轿厢与对重作相反运动，一升一降，钢丝绳不需要缠绕（相对于强制驱动电梯），因而设计时可以通过调节其长度和根数来满足电梯的提升高度和载重量的要求。由于靠摩擦传动，当电梯失控冲顶时，对重会被底坑中的缓冲器阻挡，钢丝绳与曳引轮槽间将打滑，从而避免发生撞击楼板的事故。由于曳引驱动电梯具有这些优点，因此一直沿用至今。

（2）强制驱动电梯是采用链或钢丝绳悬吊的非摩擦方式驱动的电梯。此类电梯结构较简单，但因卷筒容绳量有限而使电梯的行程较短，且发生过卷扬时钢丝绳被拉断的事故，故现在较少使用。

（3）液压驱动电梯是依靠液压驱动的电梯，包括直接顶升液压电梯、间接顶升液压电梯。直接顶升液压电梯是油缸柱塞直接顶升轿厢底部或侧面的液压电梯，又可分为单缸底置直顶、单缸侧置直顶、双缸侧置直顶等几种。间接顶升液压电梯是将油缸柱塞设置在井道侧面，借助钢丝绳通过滑轮组与轿厢连接，使轿厢升降的液压电梯。

（4）自动扶梯。自动扶梯类似一台特殊结构的链式输送机，其扶手带则类似于两台带式输送机。自动扶梯的每个梯级像一个四轮小车，梯级两边的主轮与主牵引链条铰接在一起，牵引链条拖动梯级的主轮，使梯级沿着主轮轨道运行，从而将站立在梯级踏板上的人员自一个楼层运送到另一个楼层。梯级两边的辅轮则沿着另外两条辅轮轨道运行，使梯级在工作区域上保持踏板的水平状态。自动扶梯工作区分为下水平段、倾斜段和上水平段，每一段之间的连接有一曲线段过渡。自动扶梯的扶手装置是供站立在自动扶梯上的乘客扶手用的，它由扶手胶带、驱动系统、栏杆等组成。

（5）自动人行道。自动人行道是采用水平或微倾斜（$< 12°$）方式输送人员的设备。现在一些大型商场也在楼层之间安装使用倾斜自动人行道，以便于运送顾客和具有防滑行

功能的特殊购物小车。自动人行道有踏板式和带式等结构。踏板式自动人行道类似自动扶梯，踏板水平或微倾斜运行；带式自动人行道则类似于平面皮带运输机。自动人行道的扶手带与自动扶梯完全一致。

与垂直升降的电梯相比，自动扶梯和自动人行道具有以下特点：输送能力大，每小时可输送 4500 ~ 13500 人；能连续运送人员；不需设置井道。但其也具有速度慢、造价高等缺点。

二、电梯的分类与结构组成

（一）电梯分类的方法

1. 载人（货）电梯

（1）按驱动方式可将电梯分为如下几类：

①曳引驱动电梯：依靠摩擦力驱动的电梯。目前大部分电力驱动的电梯采用该种驱动方式。

②强制驱动电梯：用链或钢丝绳悬吊的非摩擦方式驱动的电梯。

③液压驱动电梯：依靠液压驱动的电梯，包括直接顶升液压电梯、间接顶升液压电梯。

④感应式电梯：又称直线电机驱动的电梯，它的理论根据是将导轨当成一个直径无限大的电机定子，将轿厢当成电机转子，当电磁场沿着导轨（定子）运动时，轿厢（转子）就会跟着电磁场的方向而升降。这种电梯目前仍处于试验阶段。

（2）按用途可分为乘客电梯、载货电梯、病床电梯、杂物电梯、观光电梯、非商用汽车电梯等几类。

乘客电梯：为运送乘客而设计的电梯。其特点是运行安全舒适，装饰新颖美观，为便于乘客进出轿厢，迅速疏散，一般轿厢宽度比深度大，其比例约在 10 ∶ 7 ~ 10 ∶ 9。

载货电梯：主要运送货物的电梯，同时允许有人员伴随。其特点是结构牢固，为节约投资和保证良好的平层精度，通常额定速度较低。轿厢容积比较大，一般轿厢深度大于宽度或两者相等。

病床电梯：运送病床（包括病人）及相关医疗设备的电梯，又称医用电梯。其特点是对运行稳定性和平层准确度要求高，一般由专职司机操纵，轿厢窄而深，以便于病床出人。

杂物电梯：服务于规定层站的固定式提升装置。杂物电梯不仅严禁运载人员，且在平层时也不允许人员进入轿厢装卸货物。为满足人员不能进入的条件，轿厢底板面积不得超过 1.00 m^2，深度不得超过 1.00 m，高度不得超过 1.20 m。

观光电梯：井道和轿厢壁至少有同一侧透明，乘客可观看轿厢外景物的电梯。

非商用汽车电梯：其轿厢适用于运载小型乘客汽车的电梯。其特点是轿厢面积较大，要求与所装小型汽车相匹配，构造牢固，速度较低，主要用于高层或多层车库或仓库。

此外，还有客货电梯和住宅电梯等。客货电梯是以运送乘客为主，可同时兼顾运送非集中载荷货物的电梯。与乘客电梯相比，客货电梯的轿厢装饰通常较为简单。而住宅电梯则是供住宅楼使用的电梯，主要运送乘客，也可运送家用物件或生活用品，更注重电梯的实用性。这两类电梯本质上属于乘客电梯。

（3）按速度分类：目前对电梯还没有按速度分类的严格定义，一般将电梯分为①低速电梯：小于或等于 100 m/s 的电梯。②中速电梯：速度大于 1.00 m/s，小于或等于 2.50 m/s 的电梯。③高速电梯：速度大于 2.50 m/s，小于或等于 6.00 m/s 的电梯。④超高速电梯：速度大于 6.00 m/s 的电梯。

除上述分类方法外，电梯还可按是否采用减速器分为有齿轮电梯和无齿轮电梯；按机房型式分为有机房电梯、小机房电梯和无机房电梯。无机房电梯将曳引机、控制屏等设置在井道里，取消了机房，从而少占用建筑物面积，并采用了无齿轮曳引机等技术。相对有机房电梯，无机房电梯的维修量有所减少。

2. 自动扶梯

（1）按使用载荷条件分类，可分为普通型和公共交通型自动扶梯。

（2）按使用的气候条件分类，可分为室内、半室内和露天 3 种。

（3）按驱动方式分类，分为端部驱动和中间驱动自动扶梯，后者适用于多级驱动的超高自动扶梯。

（4）按控制方式分类，自动扶梯分为不间断运合、自动起动、自动变速起动等几种。自动扶梯通常为直线型，也有部分圆弧型自动扶梯。

3. 自动人行道

（1）按结构分类，自动人行道可分为踏板式、带式和双线式。

（2）按控制方式分类，自动人行道可分为不间断运行、自动启动等几种。最近国外还研制出利用螺杆加速进入和减速离去的高速自动人行道，输送速度达 2.00m/s。

（二）电梯的组成及其结构特点

电梯是机械、电气、电子技术一体化的产品。机械部分如同人的躯体，是执行机构；各种电气线路如同人的神经，是信号传感系统；控制部分则如同人的大脑，分析外来信号和自身状态，并发出指令让机械部分执行。各部分密切协同，使电梯能可靠运行。

1. 曳引和强制驱动电梯

载人（货）电梯和自动扶梯及自动人行道的组成和结构特点各有不同。下面以常见的电力驱动的曳引式载人（货）电梯及自动扶梯和自动人行道为例，简要介绍电梯的组成和结构特点。

自 1852 年第一台电梯在德国诞生以来，电梯技术有了很大的发展，尤其是美国人奥的斯发明了电梯防坠落安全装置，使电梯安全有了保证，开创了电梯新纪元。从 1857 年 3 月 23 日世界上第一台采用蒸汽驱动的乘客电梯在纽约百老汇的一家商店投入使用起，随着制造电梯技术的成熟，人类建设高层、超高层建筑物的梦想才成为现实。1903 年奥的斯电梯公司推出的现代曳引电梯，几乎可以适用于任何高度的建筑物。现代电梯的原理很简单，但要实现安全、高效、舒适不是一件容易的事情。

现代曳引电梯由曳引驱动系统、悬挂（含轿厢和对重）系统、导向及支撑土建系统、门系统、电力拖动系统、信号控制系统和安全保护系统等 7 部分组成。

（1）曳引驱动系统。

曳引驱动系统包括电动机、制动器、减速器、曳引轮、导向轮等部件。

电动机为电梯提供动力，通过电动机的旋转，带动曳引轮旋转。

制动器的作用是使轿厢停止和保持停止状态。现代许多电梯已经实现零速停车，即电动机能够使电梯轿厢完全停止后，制动器才动作，这样能保证平层准确度和减速时的舒适性。为确保安全，制动器必须具有当电梯轿厢载有 125% 额定载荷和全速运行时不依赖其他装置将电梯停止的能力。电梯的制动器是一个机电式制动器，制动器的制动力应由压缩弹簧或重锤提供，当电梯主问路或控制电路断电时，制动器必须动作。

有齿轮电梯多采用蜗轮蜗杆减速器，电动机轴通过联轴器与蜗杆连接，通过蜗杆与蜗轮啮合将电动机较高的旋转速度减少到合适的程度。20 世纪 70 年代开始在电梯上采用斜齿轮减速器，近年来也有电梯采用行星齿轮减速器。无齿轮电梯不需要中间减速器，电动机直接带曳引轮旋转。

有齿轮电梯的曳引轮安装在减速器的输出轴上，无齿电梯的曳引轮是直接安装在电动机轴上。曳引轮是钢丝绳的驱动元件，曳引轮绳槽的形状和尺寸对曳引力大小和钢丝绳寿命有很大影响。导向轮的作用是增大轿厢与对重距离。

（2）悬挂（含轿厢、对重）系统。

悬挂系统包括曳引钢丝绳、绳头组合、轿厢和对重等。

钢丝绳是电梯轿厢和对重的悬挂和驱动元件。电梯运行时，曳引钢丝绳在曳引轮上弯曲，其弯曲半径就是曳引轮的节圆半径。为了提高钢丝绳寿命，要求曳引轮节圆的直径必须是钢丝绳公称直径的40倍以上。为了使曳引轮直径较小，电梯多采用多根较细的钢丝绳。采用多根独立的钢丝绳作电梯的悬挂系统，还有利于提高悬挂系统的安全可靠性。

绳头组合是固定钢丝绳头的部件。常用的绳头组合有巴氏合金锥套绳头组合和楔块式绳头组合。绳头组合含有一段较长的螺杆，用来调整钢丝绳的张力。绳头组合中还设有压缩弹簧，以吸收震动冲击能量。

轿厢是装载乘客或货物的厢体，其上装有导靴、轿门及安全钳等装置。

对重由对重架和对重块组成，其作用是平衡轿厢及载荷，并为钢丝绳在曳引轮上产生摩擦曳引驱动力而提供正压力。

（3）导向及土建支撑系统。

导向及土建支撑系统由导靴及导轨（包括连接板、支架、压板、螺栓）和井道等组成。导靴分为滑动式和滚动式两种。轿厢和对重上通常分别装有4组导靴，导靴沿着导轨上下运行。

导轨的作用有3个：一是为电梯轿厢和对重运行提供一个精确的导向；二是承受轿厢通过导靴施加的水平作用力；三是当电梯超速或坠落安全钳动作时，在导轨上夹紧。导轨是用连接板一段一段地连接的，并用压板固定在支架上，压板固定的目的是在导轨热胀冷缩或建筑物下沉情况下能使导轨相对移动，防止导轨弯曲。导轨的精确度对电梯的平稳运行影响很大，尤其是对于高速电梯。

电梯的土建部分主要包括井道、机房及各层门门框、地坎等。井道为导轨支架提供支撑，井道下部是安装相关设备的底坑。而机房主要用于装设驱动主机和控制装置等设备。

（4）门系统。

门系统由轿厢门、层门、开门机、联动机构、门锁等组成。轿厢门是轿厢的组成部分，设在轿厢入口，由门扇、门导轨架、门靴和门刀等组成。层门设置在各层站入口，由门扇、门导轨架、门靴、门轮、门锁装置、防撞击装置和应急开锁装置等组成。轿厢门、层门分为水平滑动开启式和垂直滑动开启式两种，以水平开启式较为常见。水平开启式门又分为中分式和旁开式两种。水平滑动门的开门机设在轿厢上，开门机首先驱动轿门，再由门刀和门轮组成的联动机构驱动层门，实现开关门动作。

门系统是电梯事故多发点，由于层门没有关闭妥当，容易发生层门口的人员坠落井道或被轿厢剪切、挤压的事故。门锁是防止这类事故的主要安全装置，其作用是在轿厢离开层站时，确保层门不被意外打开。每一层门上都装有门锁，有些中分式层门每扇门各装一把门锁。由于电梯运行时门锁动作频繁，其可靠性要求特别高，因此锁紧元件及其附件应用金属制造或加固，并且制造时要对门锁进行型式试验（包括100万次的完全循环耐久试验）。此外，层门是否锁紧还须由电气安全装置来验证，只有当锁紧元件啮合情况符合要求时电气安全装置才能接通，电梯方可启动。保持门锁的锁紧动作应由重力、永久磁铁或压缩下作用的弹簧提供，当永久磁铁或弹簧失效时，重力不应导致开锁。

门控制系统还应保证层门或轿门（或多扇门中的任何一扇）打开时，应不能启动电梯，也不能保持电梯的运行。为此，层门需要装设机械电气联锁装置，而轿门及所有非直接机械连接的门扇需要安装电气安全装置。

每层的层门上都应设有一个紧急开锁装置（通常用三角钥匙开启），以满足救援和维修保养的需要。使用紧急开锁装置开锁后，门锁不应保持在开锁的状态，且层门应在轿门离开后自动关闭。紧急开锁装置的误用容易导致人员坠落井道的事故。紧急开锁的三角钥匙应由专人保管，如何使用、保管钥匙应当有书面说明。

为了防止关门时夹伤乘客，对动力关闭的门要限制关门力和门的动能，并设置防止门扇撞击的保护装置。

（5）电力拖动系统。

电力拖动系统由电动机、供电系统、速度反馈装置和调速装置等组成。在电力拖动系统中，供电系统提供电能，驱动电动机；调速系统根据速度反馈装置提供的信号控制运行速度。电梯的运行包括起动加速、稳速运行和制动减速 3 个过程。电梯的调速方式有交流变极调速、交流变压调速、直流调速和交流变压变频调速等四种类型。交流变极调速是通过改变交流电动机的磁极对数来改变电动机的转速；交流变压调速是通过控制交流电动机定子电压来改变转差率，从而实现电动机的调速；直流调速是通过调节发电机的励磁来改变发电机的输出电压，或者用三相可控硅整流器把交流电变成可控的直流电来实现电动机的调速；交流变压变频调速则是通过均匀地改变交流电动机定子的电源频率来平滑地改变电动机的转速，同时为了保证调速时电动机的最大转矩不变，还要对电动机定子电压作相应的调节。目前使用最多的是交流变压变频调速系统，即 VVVF 系统（Variable Voltage Variable Frequency）。VVVF 系统驱动的电梯具有节能、效率高、驱动控制设备体积小和重量轻等优点，已成为电梯的主流调速系统。

（6）信号控制系统。

电梯信号控制系统由控制柜和各种信号传感装置等组成。控制系统根据轿厢内的指令信号、层站召唤信号和安全保护装置信号，经逻辑分析判断向电力拖动系统、制动器、开门机等装置和机构发出向上或向下起动、运行、减速、制动、停站、开关门等操纵指令。电梯可以按照信号控制的特点分为群控电梯、并联控制电梯、集选控制电梯和信号控制电梯等。

①信号控制电梯。

信号控制电梯具有自动平层、自动开门、轿厢指令登记、层站召唤登记、自动停层、顺向截停和自动换向等功能。司机只要将需要停站的层楼按钮逐一按下，再按启动按钮，电梯就自动关门运行。在这期间，司机只需操纵启动按钮，一直到预先登记的指令全部执行完毕。在运行中，电梯就能被符合运行方向的层站召唤信号截停。

②集选控制电梯。

集选控制电梯是一种在信号控制基础上发展起来的全自动控制的电梯。集选控制电梯与信号控制的主要区别在于能实现无司机操纵。其主要特点是把轿内选层信号和各层外呼信号集合起来，自动决定上、下运行方向，顺序应答。这类电梯须在轿厢上设置称重装置，以免电梯超载。轿门上须设有保护装置，防止乘客出入轿厢时被夹伤。

集选控制又分为双向（全向）集选控制和单向（上或下）集选控制。全集选控制的电梯，无论在上行还是下行时，全部应答层站的召唤按钮指令。而单向的，只能应答层站一个方向（上或下）的召唤信号。一般下集选控制方式用得较多，如住宅楼内。

③并联控制电梯。

并联控制时，两台电梯共同处理层站呼梯信号。并联的各部电梯相互通信、相互协调，根据各自所处的层楼位置和其他相关的信息，确定一部最适合的电梯去应答每一个层站呼梯信号，从而提高电梯的运行效率。

④群控电梯。

群控是指将两部以上电梯组成一组，由一个专门的群控系统负责处理群内电梯的所有层站呼梯信号。群控系统可以是独立的，也可以隐含在每一个电梯控制系统中。群控系统和每一部电梯控制系统之间都有通信联系。群控系统根据群内每部电梯的楼层位置、已登记的指令信号、运行方向、电梯状态、轿内载荷等信息，实时将每一个层站呼梯信号分配给最适合的电梯去应答，从而最大限度地提高群内电梯的运行效率。群控系统中，通常还可选配上高峰服务、下班服务、分散服务等多种满足特殊场合使用要求的操作功能。

群控采用微机控制和统一调度多部电梯。群控分为梯群程序控制、梯群智能控制。梯群程序控制按照预先编制好的交通模式程序，根据客流情况、轿厢负载、层站的召唤频繁程度、运行一周的时间间隔等来集中调度和控制多部电梯。梯群智能控制可以显示出所有电梯的运行状态，通过专用程序分析电梯的工作效率、评价电梯的服务水平，根据客流情况，自动选择最佳的运行控制程序。

（7）安全保护系统。

安全保护系统由限速器、安全钳、缓冲器、端站保护装置、超速保护、供电断错相保护、层门与轿门连锁等装置组成，保证电梯的安全使用，防止事故的发生。

2. 液压电梯

液压电梯比曳引式电梯出现更早。在 1845 年，威廉·汤姆逊制造了世界上第一部水力液压电梯，利用井道顶部水箱中的水压将水注入液压缸使液压电梯工作，电梯的速度很慢，机械结构比较简单，用于码头运输和库房运输。到 19 世纪末，液压电梯的工作压力增大，速度也有所加快。对于大载荷和较高速度的电梯，液压系统的工作压力高于 55 bar，最高速度已经达到 3.5 m/s，占据了绝大部分的市场份额，应用已经十分广泛。

进入 20 世纪，随着电力传输和实用技术的发展，以电机带动曳引轮，靠钢丝绳和曳引轮的摩擦力带动电梯运动的曳引式电梯开始快速发展起来，在此期间，液压电梯技术停滞不前，没有创新，乘客液压电梯的市场几乎完全被电力驱动曳引式电梯所占据。

第二次世界大战结束后，以油为介质的具有独立液压传动系统的液压电梯开始出现。欧洲和美国的各大液压公司均进入液压电梯控制系统制造领域，从事液压电梯专用控制阀、集成阀组以及动力系统的开发与研究，液压电梯技术得到了快速的发展，而且造价也开始低于曳引式电梯，使得液压电梯在电梯市场中所占的比重越来越大，成为一个不可缺少的电梯品种。

（1）液压电梯主要应用场所。

①在许多旧房改造的工程中，由于受原建筑结构的限制，不太可能做出较多的适应电梯安装的改动，所以对建筑要求低的液压电梯往往是最佳选择。

②立体车库、停车场是典型的大载重量电梯应用场合，液压电梯占有较大的优势。

③商场、餐厅、中低层豪华建筑中的观光电梯，由于在速度、美观、舒适感、井道结构等方面的特殊要求而较多采用液压电梯。

④跳水台、石油站钻台、船舶等工业装置一般不能设置顶层机房，而且载重量大，使用液压电梯是较好的选择。

（2）液压电梯的组成及结构特点。

液压电梯是机、电、电子、液压一体化的产品，由以下相对独立但又相互联系配合的系统组成。

①泵站系统：由电机、油泵、油箱及附属元件组成。其功能是为油缸提供稳定的动力源和储存油液。目前，一般都采用潜油泵，即电机和油泵都设在油箱的油内。油泵一般采用螺杆泵，输出压力在 0 ~ 10 MPa 之间，油泵的功率与油的压力和流量成正比。油箱除了储油，还有过滤油液、冷却电机和油泵以及隔音消音（对潜油泵）等功能。

②液压系统：由集成阀块（组）、截止阀、破裂阀（限速切断阀）和油缸等组成。

集成阀块（组）是液压控制的主要装置，其将流量控制阀（比例流量阀）、单向阀、安全阀、溢流阀等组合在一起，控制输出流量，并有超压保护、锁定、压力显示等功能。

截止阀：一般为球阀，是油路的总阀，用来停机后锁定系统。

破裂阀（限速切断阀）：安装在油缸上，在油管破裂时，迅速切断油路，防止柱塞和轿厢下落。

油缸：将液压系统输出的压力能转化为机械能，推动柱塞带动轿厢运动的执行机构。

③导向系统：与曳引电梯相同。

④轿厢：结构和作用与曳引电梯相同。

⑤门系统：与曳引电梯相同。

⑥电气控制系统：包括控制柜、操纵召唤装置和层楼显示。其中控制柜中除处理各种召唤指令、位置信号、安全信号外，还有液压系统控制电路。

⑦安全保护系统：与曳引电梯一样，有防止端站越层、超速、断绳、人员坠落、剪切等保护装置。

3. 杂物电梯

杂物电梯是一种专供垂直运送小型货物的电梯，通常安装在饭店、食堂、图书馆等场所，用于少量食物和书籍的垂直运输，如俗称的“餐梯”“食梯”“传菜梯”等。

《杂物电梯制造与安装安全规范》（GB 25194—2010）定义的杂物电梯为服务于指定层站的固定式提升装置。它具有一个轿厢，轿厢的结构形式和尺寸不允许人员进入。轿厢在两列铅垂的或与铅垂线的倾斜度不大于 15° 的刚性导轨上运行。

为了满足不能进入的要求，轿厢轿底面积不应大于 1.0 m^2，深度不应大于 1.0 m，高度不应大于 1.20 m。但是，如果轿厢由几个固定的间隔组成，且每一个间隔都能满足上述要求，则轿厢总高度允许大于 1.20 m。

杂物电梯由驱动系统、悬挂（含轿厢、对重）系统、导向及土建支撑系统、电气控制系统和安全保护系统。其安全保护系统主要有限速器安全钳装置、缓冲器、极限开关、下行障碍保护装置、停止开关等。

4. 自动扶梯、自动人行道

自动扶梯由梯级、牵引链条、梯路导轨系统、驱动装置、张紧装置、扶手装置和桁架（金属结构）等若干部件组成。自动扶梯上所配置的梯级与两根牵引链条（梯级链条）、梯级轴连接在一起，在按一定线路布置的导轨上运行即形成自动扶梯的梯路。牵引链条绕过上牵引轮、下张紧装置并通过上、下分支的若干直线、曲线区段构成闭合环路。这一环路的上分支中的各个梯级应严格保持水平，以供乘客站立。扶梯两旁装有与梯路同步运行的扶手装置，供乘客扶手用。

自动人行道也是一种运载人员的连续输送机械，它与自动扶梯不同之处在于运动路面不是梯级，而是平坦的踏板或胶带。因此，自动人行道主要用于水平和微倾斜（$<$ 12° ）输送，且平坦的踏板或胶带适用于有行李或购物小车伴随的人员输送。踏板式自动人行道结构与自动扶梯基本相同，由踏板、牵引链条（或输送带）、梯路导轨系统、驱动装置、张紧装置、扶手装置和金属结构组成。

5. 其他电梯

（1）消防员电梯简介。

①消防员电梯。

消防员电梯是主要预定为乘客使用的电梯，它有附加的保护、控制和信号，这些使它能在消防服务直接控制下使用。

②消防员电梯开关。

在井道外面，设置在消防服务通道层的一个开关，用来优先为消防员提供服务。a. 消防服务通道层的防火前室内应设置消防员电梯开关，该开关应设置在距消防员电梯水平距离 2 m 之内，高度在地面以上 1.8 ~ 2.1 m 之间的位置，并应用“消防员电梯象形图”做出标记；b. 该开关应由三角钥匙来操作，且应是双稳态的，并应清楚地用“I”和“O”标示出。位置“I”是消防员服务有效状态；c. 该开关启动后，井道和机房照明应自动被点亮；d. 该开关不应取消检修控制装置、停止装置或紧急电动运行装置的功能；e. 电梯开关启动后，电梯所有安全装置仍然有效（受烟雾等影响的轿厢重新开门装置除外）。

③消防服务通道层。预定用于使消防员得以接近消防员电梯的建筑物的入口层。

④防火前室。提供从建筑物的使用区域到消防员电梯的防护通道的防火环境。每个电梯层门（在消防服务状态下不使用的层门除外）前都应设置防火前室。

⑤对消防员电梯的基本要求：a. 电梯应服务于建筑物的每一楼层；b. 电梯的额定载荷不能小于 800 kg；c. 轿厢净尺寸不能小于 1350 mm 宽乘以 1400 mm 深，轿厢的最小净入口宽度应为 800 mm；d. 从电梯门关闭以后起，消防员电梯应能在 60 s 内从消防服务通道层到达最远的层站。

（2）防爆电梯知识简介。

①电气设备防爆。

电气设备防爆一般可采取外壳限制爆炸、用介质隔离点火源和限制火花能量等方法。用外壳限制爆炸是比较传统的方法，是将电气设备发生火花的导电部分放在坚固的与外部只有很小间隙的外壳内。这个间隙在壳内温度变化时可以平衡内外的气压，在爆炸性混合气体进入壳内被火花点燃时，由于间隙小于最大试验安全间隙，也不会引燃外部的混合气体，将爆炸限制在外壳内。这种防爆电气设备称为隔爆型电气设备。

用介质隔离点火源是将电气设备的导电部分放置在安全介质内。根据介质的不同，有正压型、充油型、充砂型、浇封型等防爆电气设备。

限制电气设备的电流，将其可能释放出的能量限制在很低的水平，使其可能产生的电火花的能量限制在最小点燃能量，也就是最小点燃电流比以下，从而达到防爆的目的。这种电路和设备称为本质安全型电路和电气设备，简称本安型电路和电气设备。

②增安型电气设备。

对正常运行时不产生火花电弧和危险高温的设备，采取附加的安全措施以防止过载时火花和高温出现的可能性，这种防爆电气设备称为增安型电气设备。

③防爆电气设备的防爆型式的划分。

防爆电气设备的防爆型式按危险区域不同（0 区、1 区和 2 区）来划分，并且有不同的标志。

④防爆电气设备的防爆标志的组成和设置。

防爆电气设备的防爆标志由防爆型式、类别、级别、温度组别等组成。如“d Ⅱ BT_3”表示隔爆型Ⅱ类 B 级 T_3 组防爆电器。

防爆电气设备外壳的明显处必须有清晰的永久性凸纹标志“Ex”，小型设备也可采用标志牌焊在外壳上或用凹纹标志。

设备外壳的明显处必须设置铭牌并固定牢固，铭牌应有以下主要内容：右上方有明显的“Ex”标志，有依次标明防爆型式、类别、级别、温度级别等的防爆标志；有防爆合格证编号和其他需要标出的特殊条件以及产品出厂日期或产品出厂编号。

⑤防爆电梯适用范围。

适用于安装或使用在爆炸危险区域为1区、2区、21区、22区的防爆电梯，它们的有关规定分别为：a.1区，在正常运行时，可能出现爆炸性气体环境的场所；b.2区，在正常运行时，不可能出现爆炸性气体环境，如果出现也是偶尔发生并且仅是短时间存在的场所；c.21区，在正常运行过程中，可能出现粉尘数量足以形成可燃性粉尘与空气混合物的场所；d.22区，在异常条件下，可燃性粉尘云偶尔出现并且只是短时间存在或可燃性粉尘偶尔出现堆积或可能存在粉尘并且产生可燃性粉尘空气混合物的场所。

⑥防爆电梯种类。

防爆电梯包括曳引式防爆电梯、液压式防爆电梯、曳引式杂物防爆电梯，其适用的电梯速度不大于1 m/s（含1 m/s）。

⑦防爆电气部件的防爆等级：a.防爆电气部件的铭牌上应至少标明型号、出厂日期、防爆标志、防爆合格证号、制造厂名称或者商标和相关技术参数等，其防爆合格证号应在有效期内；b.防爆电气部件的防爆类型、级别、组别应符合现场相应防爆等级要求。

⑧防爆电气部件的外壳要求：a.防爆电气部件外壳应光滑无损伤，透明件应无裂纹；b.接合面应紧固严密，相对运动的间隙防尘密封应严密；紧固件应无锈蚀、缺损；密封垫圈应完好；c.防爆电气部件外壳表面最高温度应低于整机防爆标志中温度组别要求。

⑨隔爆型电气部件：a.隔爆型电气部件应符合相应防爆要求；b.隔爆型电气部件其电气联锁装置必须可靠，当电源接通时壳盖不应打开，而壳打开后电源不应接通。如无联锁装置则外壳上应有“断电后开盖”警告标志；c.隔爆型电气部件的隔爆面不得有锈蚀层、机械伤痕，严禁刷漆。

三、电梯的生产过程

电梯的生产过程包括设计、制造、安装、改造、修理等环节。

（一）电梯设计

我国目前专业从事电梯产品设计的单位较少，电梯的设计大都由制造单位承担。设计电梯及其安全保护装置与主要部件，应当符合国家有关安全技术规范和强制性标准的要求。对现行安全技术规范和强制性标准中未涉及的电梯及其安全保护装置与主要部件的设计，必须符合保障人体健康和人身、财产安全的要求，并应当按照相应安全技术规范的规定经等效安全性评价合格。

（二）电梯制造

电梯及其安全保护装置与主要部件的制造单位应当经国家质检总局许可，取得制造许可证后方可制造和销售相应等级的产品。电梯制造单位对其制造的电梯及其安全保护装置与主要部件的质量和安全性能负责。制造单位应当建立电梯制造质量管理体系，对电梯的制造过程实施严格的管理与控制。

电梯及其安全保护装置与主要部件出厂时，应当附有安全技术规范要求的产品质量合格证明、电气（液压）原理图、安装及使用维护说明等随机文件以及相关的安全注意事项或者警示标志等技术资料。

如前所述，载人（货）电梯由驱动主机、轿厢、悬挂装置、导轨、门系统、控制柜、电缆以及限速器、安全钳、缓冲器、极限开关等部件和安全装置组成。这些部件和装置在工厂中制造完成后，运到安装现场，经组装后形成完整的电梯。通常电梯制造厂自行生产驱动主机、轿厢部件、层门部件、控制柜等，然后根据设计要求选配电梯的导轨、钢丝绳、电缆以及门锁、限速器、安全钳、缓冲器等零部件，这些零部件通常由专业厂家制造也有一些中小电梯制造企业自己只生产轿厢部件、驱动主机、控制屏中的一至两种，其余零部件均自专业厂家采购。

自动扶梯、自动人行道的制造过程与电梯类似，不再赘述。

（三）电梯安装

1. 载人（货）电梯的安装过程

电梯的安装主要包括驱动主机、导轨、层门、控制系统的固定，轿厢部件组装，悬挂装置与轿厢、对重的连接，以及电气、机械调试等环节。电梯的安装质量对运行性能和寿命有很大的影响[①]。

电梯的安装包括准备工作（包括施工现场检查、人员组织、熟悉资料、工具准备、土建检查、开箱清点等）、脚手架架设、样板制作与架设、机械零部件安装（包括导轨支架与导轨安装、驱动主机安装、限速器安装、轿厢与安全钳及导靴安装、缓冲器安装、对重安装、钢丝绳及补偿装置安装、轿门和开门机安装、层门安装等）、电气装置安装（包括机房的控制柜、电缆、主电源开关等的安装，井道内的电线管槽、接线盒、各种限位开关、停止开关、信号装置、固定照明等的安装，轿厢的轿内操纵箱及信号指示装置、轿顶检修装置、减速与平层感应装置等的安装，层站的楼层信号装置、呼梯按钮箱的安装，以及电梯的供电和控制线路的安装，等等）、调试（包括调试条件的检查确认、调试准备、不挂曳引绳的通电试验、悬挂曳引绳的慢速运行调试、快速运行及整机性能调试等）、交付前的检验与试验等环节。

---

① 耿建梁.常见电梯安装施工方法的特点及选用[J].中国电梯，2019，30（24）：53-56.

2. 自动扶梯与自动人行道的安装过程

自动扶梯的提升高度不大于6m时，通常是整机出厂，在出厂前已经装配调试完毕，整机运送到安装现场后，直接安装在预定的建筑物支撑体上。但由于运输及空间的影响，再加上扶手装置的强度等，通常自动扶梯的扶手系统是拆下另行包装运输，到现场后再安装的。提升高度超过 6 m 或者由于安装现场限制而不能使整机通过时，可分段运送到现场后组装。

自动扶梯的安装过程包括安装前的准备（包括施工现场检查、人员组织、熟悉资料、工具准备、土建检查、开箱清点等）、整体吊装就位（对于整机出厂的）或者进行整体连接、梯级安装、扶手系统的安装、电气设备及线路和安全装置的安装、内外盖板的安装、其余梯级的安装、调试、交付前的检验与试验等环节。

自动人行道的安装过程与自动扶梯类似，不再赘述。

（四）电梯的改造与修理

电梯改造是指采用更换、调整、加装等作业方法，改变原电梯主要受力结构、机构（传动系统）或控制系统，致使电梯性能参数与技术指标发生改变的活动，包括改变电梯的额定（名义）速度、额定载重量、提升高度、轿厢自重（制造单位明确的预留装饰重量除外）、防爆等级、驱动方式、悬挂方式、调速方式以及控制方式；加装或更换不同规格、不同型号的驱动主机、控制柜、限速器、安全钳、缓冲器、门锁装置、轿厢上行超速保护装置、轿厢意外移动保护装置、含有电子元件的安全电路及可编程电子安全相关系统、夹紧装置、棘爪装置、限速切断阀（或节流阀）、液压缸、梯级、踏板、扶手带、附加制动器；改变层（轿）门的类型、增加层门或轿门；加装自动救援操作（停电自动平层）装置、能量回馈节能装置、读卡器（IC 卡）等，改变电梯原控制线路。电梯的改造实际是一种特殊形态的电梯制造，不仅需要较强的设计能力、调试能力、试验能力，还需要有一支具有相应能力的安装队伍，电梯改造活动甚至比普通电梯制造活动具有更高的技术含量。

电梯修理是指用新的零部件替换原有的零部件，或者对原有零部件进行拆卸、加工、修配，但不改变电梯的原性能参数与技术指标的活动。修理分为重大修理和一般修理两类。重大修理包括更换同规格的驱动主机及其主要部件（如电动机、制动器、减速器、曳引轮）；更换同规格的控制柜；更换不同规格的悬挂及端接装置、高压软管、防爆电气部件；更换防爆电梯电缆引入口的密封圈。一般修理包括修理和更换下列部件（保持原规格）实施的作业：门锁装置、控制柜的控制主板和调速装置、限速器、安全钳、缓冲器、悬挂及端接装置、轿厢上行超速保护装置、轿厢意外移动保护装置、含有电子元件的安全电路及可编程电子安全相关系统、夹紧装置、棘爪装置、限速切断阀（或节流阀）、液压缸、高压软管、防爆电气部件、梯级、踏板、扶手带、附加制动器等。

电梯的改造、修理，必须由电梯制造单位或者其委托的取得相应许可的单位进行。电梯制造单位委托其他单位进行电梯改造、修理的，应当对其改造、修理进行安全指导和监控，并按照安全技术规范的要求进行校验和调试。电梯制造单位对电梯安全性能负责。对于改造，原制造企业不再存在的，电梯产权单位可以选择取得相应资格的单位进行该电梯的改造，必须按照电梯相关安全技术规范的要求更换产品铭牌，并由电梯改造单位对电梯质量以及安全运行涉及的质量问题负责。

四、电梯的使用与日常维护保养

电梯是一种机电安全设施比较完善的机电设备，但由于电梯主要是提供给公众使用的，运行较为频繁，如不按照有关要求使用、维修和日常维护保养，则不但容易产生故障，影响电梯的正常运行，还常发生人身伤害事故。管好电梯，用好电梯，是做好电梯安全工作的关键。

电梯日常维护保养是指为保证电梯符合相应安全技术规范以及标准的要求，对电梯进行的清洁、润滑、检查、调整以及更换易损件的活动，包括裁剪、调整悬挂钢丝绳，不包括上述安装、改造、修理规定的内容。更换同规格、同型号的门锁装置、控制柜的控制主板和调速装置、缓冲器、梯级、踏板、扶手带、围裙板等实施的作业视为维护保养。电梯的日常维护保养对电梯安全运行具有重要作用。

进行异常情况处置时，使用单位应当将电梯使用安全注意事项和警示标志置于易于为乘客注意的显眼位置，告知乘客发生运行失控、因故障或停电等突然停车等异常情况时应当采取的措施，配有电梯司机的，司机应当在发生异常情况时指导乘客采取相应措施。发生异常情况时应当采取的措施如下：

（1）电梯突然发生超速上升或下坠及轿厢自行运行等失控现象时，轿厢内人员应保持镇静，绝不能扒开轿门逃出，应将脚跟提起来，用脚尖支撑全身的重量，下蹲，用手扶住轿厢，防止因轿厢冲顶或撞底而发生伤亡事故。轿厢停止后，应立即使用对讲装置、电话等通知维修人员按照操作规程施行解救。

（2）电梯运行中突然停止时，轿厢内人员应保持镇静，使用对讲装置、电话等通知电梯维修人员，由维修人员按照操作规程施行解救。轿厢内人员切忌自行扒开轿门，或从安全窗爬到轿厢顶撤离轿厢，应耐心地在轿厢内等待维修人员前来营救。

（3）在下列情况中，电梯设备管理组织应及时通知维护组织：①一旦察觉电梯设备出现异常或电梯设备所在环境有异常变化时；②一旦电梯设备在危险状况下停止运行后；③由其授权和指派的人员介入救援后；④与电梯设备本身和（或）其使用环境或使用有关的任何改变前；⑤在任何对电梯设备的第三方检查或工作前；⑥在电梯准备长期停止运行前；⑦在电梯设备长期停止运行后再次恢复使用前。

第二节　客运索道及其安装

客运索道是指动力驱动，利用柔性绳索牵引运载工具运送人员的一种机电设备，通俗地说是一种以钢丝绳作为轨道或用钢丝绳牵引运载工具来运送乘客为工作目的的运输设施，同时也包括客运索道所用的材料、安全附件、安全保护装置和与安全保护装置相关的设施。

客运索道通常可分为客运架空索道、客运缆车、客运拖牵索道等。

一、客运索道的用途与类型

（一）客运索道的用途

客运索道由于乘坐安全快捷、舒适方便，并有利于环境保护，已成为人们喜爱的交通工具，特别是在复杂地形条件下，客运架空索道能适应复杂的地形、跨越山川、克服地面障碍物，因而在风景旅游区得到了广泛应用。近年来蓬勃发展的滑雪产业，也对各类客运索道提出了新的需求；在城市和山地交通方面，客运索道也以其独特优势成为集观光与交通于一身的独特交通工具。

目前我国的客运索道的运行安全性已达到较高的水平。设计制造水平不断进步，安全管理逐渐规范，整个索道行业正处在良好的发展环境之中。客运索道的稳定发展也进一步促进索道的技术进步。

（二）客运索道的类别划分

客运索道分为客运架空索道、客运缆车、客运拖牵索道 3 种类型，根据运行方式、运行速度、吊具承载方式等方面的差别，3 种类型的客运索道还可以进一步细分。

1. 客运架空索道

客运架空索道按照运行方式可分为单线循环式客运架空索道和往复式客运架空索道。

（1）单线循环式客运架空索道分类。

循环式索道中，按照运行速度可分为连续循环式、脉动循环式（快速运行 – 慢速运行）和脱挂抱索器式 3 种。

此外，还可按照使用抱索器形式和运载工具的形式进行分类。按使用的抱索器型式可分为固定式抱索器和脱挂式抱索器循环客运索道；按运输工具型式分有吊厢、吊椅、吊篮式循环客运索道。

（2）往复式客运架空索道的分类。

根据承载索和牵引索的数量可以分为单承载单牵引往复式索道（双线）；双承载单牵引往复式索道（三线）；单承载双牵引往复式索道（三线）；双承载双牵引往复式索道（四线）。

单承载单牵引往复式索道简称双线往复式索道；双承载单牵引往复式索道简称三线往复式索道；单承载双牵引往复式索道简称三线往复式索道；双承载双牵引往复式索道简称四线往复式索道。

往复式索道又可分为承重与牵引分开的往复式单客厢索道、承重和牵引分开的车组往复式索道和承重和牵引合一的单线车组往复式索道 3 种。

2. 客运缆车

客运缆车按运行方式可分为循环式和往复式缆车。往复式缆车又可分为单往复式、有会车段往复式和双线往复式 3 种。目前我国在运缆车多为往复式。

3. 拖牵式索道

根据钢丝绳的位置，拖牵索道分为高位和低位拖牵索道。按照抱索器与运载索的连接方式，拖牵索道分为固定抱索器式拖牵索道和脱挂抱索器式拖牵索道。

二、各类客运索道的工作原理及特点

（一）架空索道

1. 循环式架空索道

（1）循环式架空索道工作原理。

循环式客运架空索道是用一根首尾相接的环形钢丝绳（称运载索）绕于驱动轮和迂回轮，中间支撑在各支架的托压索轮组上，并用张紧装置张紧，保证运载索具有一定的初张力，利用钢丝绳与轮体之间的摩擦带动运载索做循环运动的机械设备。吊具通过抱索器按照等间距挂结在运载索上，当运载索运动时，带动吊具一起运动，从而达到输送乘客的目的。

（2）循环式架空索道的特点。

循环式架空索道与其他地面运输工具相比具有如下特点：一是对自然地形适应性强，爬坡能力大，能够适应险峻陡坡，最大坡度可达 100%；两端站距离最短，尤其在地势险峻条件下，索道线路长度仅为公路的 1/10 ~ 1/30，可大大节省乘客行程时间。二是站房配置紧凑支架占地少。三是可按实际地形随坡就势架设，无需修筑桥梁、涵洞，不需要开挖大量土石方，占地面积小，对地形、地貌及自然环境的破坏小。四是索道一般都采用电力驱动，不污染环境。五是运行安全可靠，维护简单，容易实现机械化、自动化操作，劳动定员少。六是能耗低，一般仅为汽车能耗的 1/10 ~ 1/20 左右。七是客运索道是空中载人运输工具，因此它的安全级别等同于飞机，对设计、制造、安装、使用和管理的要求较高。

2. 往复式索道

（1）往复式架空索道工作原理。

往复式架空索道的布置形式是两侧各用一根或两根钢丝绳（称作承载索）作为运载工

具的轨道，由牵引索牵引客车沿承载索往复运动。牵引索经过驱动轮的部分称为首绳，位于客车尾部用于拉紧用的平衡索叫作尾绳，牵引索和平衡索分别固定在的运载工具两侧上。

（2）往复式架空索道的特点。

优点包括爬坡能力大，可跨越大跨度，客车距地高度允许超过 100m；客车数量少；支架少（有的索道没有支架），便于检查维护；运行效率高，耗电少；可运送大件重物；救护简单方便。

缺点是运输能力与索道的长度成反比，受到限制；候车时间长；索系比较复杂，站房受水平力大，造价较高，吊厢和支架受力极大，一旦发生故障，易产生大的影响和损失。

（二）客运缆车

（1）客运缆车工作原理。客运缆车是利用钢丝绳作为牵引动力，带动车厢在两站之间轨道上做往复运动或循环移动的运送乘客的设施。客运缆车的钢丝绳包括牵引车厢移动的牵引索和尾部的平衡索。

（2）客运缆车的特点：由于线路在地面，运行安全性高，便于营救。

（三）客运拖牵索道

（1）客运拖牵索道的工作原理。钢丝绳（运载索）绕过驱动轮和迂回轮，中间支撑在线路支架托压轮组上，拖牵器通过抱索器联于运载索上，乘坐者站在地上，拖牵器的托座托住滑雪者的臀部向山上引，实现拖载乘客的目的。拖牵索道专门用于滑雪场或滑草场，与吊椅索道类似，结构更简单。

（2）客运拖牵索道的特点。①投资成本低，结构简单，操作人员少；②操作方便，便于维护；③中途可随时上下；④不能与滑雪道交叉，对地形要求较高；⑤乘客必须穿戴滑雪板等用具。

三、客运索道的组成及结构特点

根据客运索道共有特点，按其必要设施及使用功能划分为五部分：线路设施、驱动系统、运载工具、安全保护系统、运行辅助设施。各部分主要结构与特点如下：

第一部分线路设施。它是索道组成最基础的设施，主要有支架、托压索轮组、钢丝绳、张紧系统等。

第二部分驱动系统。客运索道运行的驱动和控制装置，主要有电机、减速机和传动、制动装置、电气控制装置、辅助驱动装置、张紧系统等。

第三部分运载工具。运载乘客的设施，包括客车、客厢（吊厢）、吊篮、吊椅、拖牵杆，缆车客车车厢等。

第四部分安全保护系统。索道各类的安全保护装备和安全系统，主要有线路保护、位置保护、超速保护、进出站保护、防雷保护等。

第五部分运行辅助设施。它是索道运行必要的辅助设施，主要有供电、通信、救护设备、开关门装置等站内设施以及站房。

按照客运索道的分类，可将客运索道分为客运架空索道、客运缆车和客运拖牵索道 3 个类别，下面分别列出其组成和特点。

（一）客运架空索道

1. 循环式索道

（1）线路设施：使索道形成运行线路相关的机械设备，主要包括运载索、线路支架及支架托 / 压索轮等。

（2）驱动系统：为索道提供动力及初始张力的机电设备。由电机、减速机、驱动轮及张紧装置组成的机械设备。

（3）运载工具：固定抱索器式索道的运载工具指吊椅、吊篮和吊厢。

（4）安全保护系统：主要包括线路保护、防雷保护、位置保护、闸打开保护开关等。

（5）运行辅助设施：主要包括站房及站内设备的防护设施、通信系统及广播、供电设施、站内安全警示标志及上下车指示线、防雷接地设施、救护设备以及脱挂式索道的站内加减速系统等。

2. 往复式索道

（1）线路设施：主要包括承载索、牵引索和平衡索、支索器、线路支架及鞍座。鞍座是往复式索道在站口和线路支架上支撑承载索和牵引索的重要部件。

（2）驱动系统：往复式索道驱动系统组成与循环式索道相似，其差别在于各驱动设备的配置方式。

（3）运载工具（吊厢）：往复式索道采用大型吊厢（客车），由行走小车、吊架和车厢组成。

（4）安全保护系统：往复式索道安全保护系统组成与循环式索道相似，差别在于其布置方式和保护要求不同。

（5）运行辅助设施：与循环式索道相似，主要差别在于往复索道特有的站台候车设备。

（二）客运缆车

（1）线路设备：主要包括线路轨道、钢丝绳和线路托索轮等。

（2）驱动系统：主要包括驱动系统、制动系统、张紧系统和电器控制系统。

（3）运载工具（客车）：按结构形式分为敞开式、客厢式、轿厢式。

（4）安全保护系统：主要由线路中及站内的各个保护开关和电路组成。

（5）运行辅助设施：主要包括站台供车厢充电设施、供电通信及站内防护设施等。

（三）拖牵式索道

客运拖牵索道在线路设备、驱动系统、安全保护装置和运行辅助设施的组成方面与循环式索道基本相同，二者主要差别在于运载工具的差异，客运拖牵索道的运载工具为拖牵器，由拖牵器牵引乘客在不离开地面的情况下前进。根据运载索的位置，拖牵器的形式可分为高位拖牵器和低位拖牵器。

四、客运索道的生产程序

客运索道建设的规模不同、型式不同，生产程序也不完全一样。通常一条索道的建设程序要经历以下几个主要过程：

（一）客运索道建设的项目立项阶段

客运索道的建设需得到主管部门的批准。在国家级风景名胜区建设索道，首先要纳入景区总体规划，还要得到建设部的批准；在省级风景名胜区建设索道，要得到省建设厅的批准；在省级以下风景名胜区建设索道，要得到地、市级建委或其他主管部门（如经委）的批准。

项目立项的程序一般是由索道建设单位做出项目可行性报告，提交给政府主管部门批准。索道方案确定后，根据该方案（有时可能会提供两个以上方案）论证技术可行性，并作出经费概算、预期利润、环境评估、灾害评估和防范措施报告等。政府主管部门的批准后，方可开展下一步工作。

（二）客运索道建设的设计阶段

设计阶段可分为总体设计、初步设计、施工图设计 3 个阶段。

1. 总体设计阶段

选定上下站站址后，进行正式的总体设计。测量单位第一要进行控制测量，目的是连测上下站中心点，求得上下站长度、高差、坡度角等数据，并为下一步测绘提供控制测量基础。第二要进行 1 ∶ 1000 纵断面测量，局部 1 ∶ 100 横断面及上、下站站址 1 ∶ 200 地形测图，为初步设计提供基础性资料。第三要进行工程地质初探，为总体设计和初步设计提供地质简报。

设计单位收到精确测绘的地形图和工程地质资料及建设单位提供的气象、地震等资料后，总体设计人员即进行线路配置设计和计算。总体设计完成后，可得到各支架点的位置及受力、托压索轮的数量、钢丝绳的直径、驱动机的功率、张紧力的大小等参数。输出结果为线路配置图、上下站房配置图和计算书。

设计单位须将总体配置图提供给测量单位，进行第二次测绘勘察。第一按照设计数据进行实地放点，并根据实地具体情况进行局部调整，为设计单位提供最终定点数据；第二进行各支架引点控制测量，每个支架中心点及上、下站设备中心点采用一定的作业手段作出 4 ~ 6 个引点，为基础施工、设备安装、竣工验收及今后检测提供控制基础；第三要做各支架 1 ∶ 100 地形测图，为支架基础设计、土石方量计算提供依据；第四要进行上、下站站址及各支架工程地质勘察，为设计单位提供工程地质方面的数据，如摩擦系数、承载力等。最终将这些资料形成测量及工程地质勘察报告正式提交给设计单位。

2. 初步设计阶段

总体设计完成后，由总体设计人员向土建、设备、电气设计人员提出设计要求，向建设单位提出供电要求。土建设计人员进行支架和站房基础、支架、站房建筑的设计；设备设计人员进行驱动装置、迂回装置、张紧装置、站内设备、结构设计；电气设计人员进行供电系统、拖动系统、控制系统、通信系统及防雷接地系统的设计。在此阶段，完成各部分的方案总图，编写设计说明书。

设计单位完成方案设计后，要将线路、站房配置图和计算结果等技术资料送到国家客运架空索道安全监督检验中心进行图纸审查。如有问题，需做进一步修改。待通过审查后，方可进行下一步设计。

因土建施工周期较长，土建基础设计图会提前完成交给建设单位组织施工。

3. 施工图设计阶段

初步设计完成后，经项目负责人对各专业接口尺寸审查无误，即可进行施工图设计。在此阶段完成全套零件制造图纸，提出外购件清单，编写安装和使用维护说明书、试车验收大纲等技术文件。

（三）土建施工、制造与采购阶段

土建基础设计完成后，即可开始进行土建基坑施工。基础是索道设备的重要部分之一，机器重量的垂直压力、钢丝绳的纵向拉力和在运转中产生的震动都要通过基础传给土壤，如果基础设计、施工不正确或维护不当，将会引起基础下沉，影响设备的正常运转，缩短寿命，甚至会使设备移动或倾翻。支架基础施工对保证支架的安装精度、施工质量尤为重要。

首先要按基础布置图开挖基坑，待上、下站及各支架基坑开挖至设计要求后，由土建设计人员和工程地质勘察技术人员到现场进行验槽。基坑通过验收后，即可进行混凝土浇筑及基础预埋件施工。为了确保安装质量，在施工过程中和埋设完成后，测量技术人员需利用测量设备指导和检测预埋件（锚杆）的位置（距离、高程、直线性等）。混凝土浇筑完毕后，应按规定要求进行浇水养护，在混凝土强度达到设计强度的 50% 后才能拆模。一般混凝土基础从浇注到开始安装，最少应经过 14 天，而安装在基础上的设备需要在浇注好基础 30 天后才可开动。所有土建工程完工后，由当地建筑质检站进行验收。

设备及电气施工图完成后即可与制造厂签订制造合同，进行设备制造；与配套件厂家签订合同进行外购件采购。在制造过程中，重要受力零部件的材质要进行化验，进行必要的无损探伤。设备加工完成后要进行出厂检验，并出具合格证、使用维护说明书等随机文件，便于用户更好地了解索道部件的性能、构造及维护检查的重点。有关合格证上除标有主要参数外，还应当标明部件的型号和编号，重要零件还需出具材质证明报告、热处理及探伤报告。最后通过采购方的验收后，将设备进行适当包装，运到安装现场或指定地点。

（四）客运索道建设的安装阶段

安装工程施工前，安装单位应根据设计和设备的技术条件，编制安装施工方案，并持有关资质证书到设备安装所在地的质监局履行安装告知手续。到达安装工地后要进行索道设备验收交接（一般索道设备是按安装顺序分期分批运到安装地点的），并对索道基础按规范标准进行复验，检查索道线路纵横中心线、基础顶面标高、地角螺栓中心等。安装前，要将索道支架、设备等运到安装地点，若索道安装现场地形险要、交通不便，还需架设临时架空索道（或称施工索道）以及缆索起重机等施工措施，从空中将数吨重的支架、设备运至安装地点。准备工作完成后，即可进行下列安装作业：

1. 线路支架安装

支架安装前应对索道线路中心线、基础标高进行全面的校验，检查地脚螺栓孔和地脚螺栓的实际尺寸，若偏差超出允许值时，应重新开孔或校正地脚螺栓的位置。

第一步清理基础顶面；第二步安装塔柱和塔头，支架底板要离开基础平面 50mm 以便调整。支架安装过程中，测量技术人员应随时定向定位进行塔柱调整，控制纵向中心线、垂直度、横向中心线，横担扭转量，可利用底板下的螺栓来调整支架垂直度，调整后用垫铁垫实；第三步安装托压索轮组并调整直线性与横担的垂直度、轮槽对中性和索距等；第四步将支架底板垫实并进行二次灌浆；第五步全线综合调整，调整轮组在整个线路长度上的直线性、对中性等。托压索轮组的调整是一项烦琐、细致、重要的工作，若其制造安装质量有问题，不能及时检查发现和改正，将会给索道的安全运营和维护保养留下无穷隐患。

2. 站内设备安装

在安装支架的同时可进行站内机械设备的安装。

（1）安装前应对设备进行检查，若在运输及存放过程中有杂物、灰尘进入运动部位，应将该组件解体检查和清洗，并更换润滑油，所有运动部位应加足润滑油或润滑脂。

（2）对设备基础放线校正，检查其标高，各部分的尺寸，每个地脚螺栓的位置及其深度。若有横梁，先安装前后横梁，并校正纵横中心线、对角线、标高，再安装纵横梁并校正水平度、对角线、垂直度、左右尺寸。

（3）安装驱动装置、迂回装置、张紧装置等设备。基础顶面应留出大约 50mm 的二次灌浆厚度，按要求放置垫铁，用经纬仪、水准仪校正中心线和找平。安装时必须保证各输入轴和输出轴的直线精度及开式齿轮的正确啮合。驱动轮、迂回轮吊装完毕后，应在固定的方位上测量其水平度。

（4）安装附属设备，如平台、梯子、栏杆、地面导向轨等。

3. 安装电气设备

支架安装完后，即可施放通信电缆，以及为脱索保护装置接线。通信电缆施放后，检查其线芯及外套是否有破损和断芯情况。脱索保护装置在支架上要接成串联电路。接线完毕后，上、下站及线路应再校验一次，最后将上、下站屏蔽层可靠接地[①]。

电气控制室建好，室内潮气散净后，安装电气柜。先将配电柜、开关柜、操作台（这些都是在电气加工厂组装好的）摆放到位，按设计接线图接线。

从配电柜通过电缆沟将电缆引到驱动装置上，通过驱动平台上的电缆滑车将电线分别连接到各用电设备上。电机接线前要先测接地电阻，确认无误后才可接线。

所有电气接线完成后要分别进行调试，确保接线正确无误。

4. 运载索的铺放与架设

铺放和架设钢丝绳是架空索道安装的重要内容，操作不当会损坏钢丝绳，缩短使用寿命，甚至造成重大安全事故。

钢丝绳铺放时特别要注意，不能使钢丝绳受到磨损、擦伤、弯折、打结、露芯、松散等损伤，不能在硬物上拖曳，不能长时间浸水。在放绳时一定要使钢丝绳保持一定的张力。

钢丝绳铺放好后，在编接之前必须在规定的张力下至少张紧 48h（进口钢丝绳可以张紧 24h），以减少钢丝绳的残余伸长。

循环式客运索道运载索是将钢丝绳两端编接起来的无极钢丝绳。钢丝绳接头是运载索的薄弱环节，编接处的钢绳破断强度比正常钢绳低，编接效率最多为 95%。若固定抱索器索道钢丝绳接头直径增粗过大，在过托压索轮时跳动较大，特别是运行速度高的索道，容易产生脱索事故。同时直径大的接头磨损较大，容易产生断丝，抱索器在编接处夹紧，直径过大将严重影响夹紧力。另外，接头是靠钢绳的拉力产生挤压力将断头相互夹紧，如果编接得不好，会使一股或多股抽动而松弛，严重影响接头强度。钢丝绳编接是一个重要环节，必须由专业从业人员进行编接。

钢丝绳编接完毕后，用手拉葫芦将钢丝绳吊起放到托压索轮组上并张紧。根据钢丝绳在托压索轮组上的位置情况还要对托压索轮组进行全面精细的调整，确保钢丝绳位于托压索轮绳槽中心内。

试车前要将所有的连接螺栓都检查紧固一遍。

索道安装完成后必须进行竣工测量，确定各控制参数的最终数值。

---

① 国家质量监督检验检疫总局.特种设备安全监察[M].北京：中国质检出版社，2014.

（五）客运索道的试车

索道试车应在各类机电设备安装竣工后，土建等工程均施工完毕，经全面检查以具备试运行条件时进行，目的是按索道的各种工况，调试出优质的起动性能和制动性能，同时检查索道在不同工况下运行的安全性，了解设备的性能及其机电系统和零部件的好坏，验证安装质量是否达到了设计和安全规范的要求。

试车前要对全部设备和线路进行一次全面检查，确认设备的安装正确无误。试车是要指定专人负责记录。

（1）单机试车。应从部件至组件，组件至单机逐级调试，且上一步骤不合格，不得进行下一步骤的试车。驱动机等主要设备的连续运转时间不应小于 4 h，其中额定速度下的运转时间不应小于 2.5 h。驱动机等主要设备的液压控制和润滑系统应畅通，油压、油位和油温应在规定的范围内。

（2）机组联动试车。在单机调试的基础上，应进行机组联动试车。各设备应配合良好、动作协调，累计试车时间不得小于4 h。

（3）空索试车。运载索安装合格后，应由慢速至额定速度进行试车，累计试车时间不得小于 4 h。运载索在托压索轮组上应稳定，不得有跳索现象。线路监控装置应灵敏可靠。驱动机启动、制动应平稳、可靠，安全保护设施动作应准确，试车应无异常现象。

（4）空车试车。分别由端站和中间站各发一辆空车，以慢速、额定速度进行通过性能检查，不应有任何阻碍。随后以额定运行速度，按 8 倍设计车距将空车布满全线进行试车，再按 4 倍、2 倍直至设计车距布满全线进行试车。上一步骤未合格前，不得进行下一步骤的试车；全过程累计试车的时间不得小于 40 h，其中应含有 8 h 反向运行时间。做反向运行时，随时观察钢丝绳是否在托索轮上跑偏。

（5）重载试车。采用与乘客质量等同的重物进行。应按设计载荷的半载、偏载（重上空下、空上重下工况）、满载分别进行试车。控制系统应进行多次检测，并应检查索道在偏载、满载情况下的启动和制动性能，并应检查站内和线路监控装置的连锁性能。全过程累计试车的时间不得小于 40 h，其中在额定速度且满载条件下运行的时间不得少于 5 h。

（6）紧急驱动的试车。运行速度宜为主驱动装置运行速度的一半，应安全可靠，在不利的载荷情况下，应至少能以 0.10 m/s^2 的平均加速度启动。

（六）客运索道建设的竣工验收

所有试车程序完成，并将所有影响安全的问题处理完毕，确认设备已具备安全运行的条件后，即可将设备交付给使用单位，设计、安装、使用单位三方必须在《竣工验收报告》上签章确认。

除设备交货外，设计、安装单位还需交付索道技术资料，需交付的技术资料包括：①设计文件：计算书、设计说明书、设备主要部件图纸、使用维护说明书等。②制造文件：

重要部件材质证明、热处理报告、探伤报告、产品合格证及说明书等。③安装文件：驱动机、线路支架、线路托压索轮组安装监测记录、钢丝绳编接记录、试车记录等。

（七）客运索道建设的施工审查资料

为了保障索道施工的整体质量，客运索道施工单位应当在施工前，向国家客运架空索道安全监督检验中心申请监督检验。在整个安装过程中，设置3个控制节点，分别对需要控制安装质量的各种文件资料进行审查，审查合格后，施工单位才可以开始施工或者转入下一个阶段的工作。

五、客运索道的日常维护保养

（一）客运索道的日常检查

客运索道每天开始运行之前，应彻底检查全线设备是否处于完好状态，在运送乘客之前应进行一次试车，确认安全无误并经值班站长或授权负责人签字后方可运送乘客。

索道运行期间，站长、作业人员及服务人员应各就各位，履行岗位责任制，不得擅离职守。在各项操作中，应严格遵守操作规程。

司机除按运转维护规程操作外，对驱动机、操作台每班至少检查一次。对当班所发生的故障是否排除，必须交代清楚不得隐瞒，并认真填写在运行日记中。第一次必须在交接班时按规定的检查次序进行，并应在接班前，查看前一班正在操作运转的情况。检查中所发现的问题，记入交接班记录簿和运转记录簿。对发现的重要问题，即难以自行处理或不是职责范围内可以处理的，应立即报告。

值班电工、钳工对专责设备每班至少检查一次，线路巡视工每班至少全线巡视一周（线路长的索道，可分段分工检查）。所做的检查和处理情况，应记入值班工专用检查记录簿内。

若设备停运期间遇到恶劣天气（风暴、暴雨、冰雹），应对线路进行彻底的检查，一切正常后方可运送乘客。如果是事故停车，造成运行中断，只有在排除了故障或采取了有关安全措施，且经值班站长同意后，方可重新运送乘客。紧急情况下运转，索道站长或其代表一定要在场，才允许在事故状态下再开车以便将乘客运回站房，此时站与站之间也应能通信联系。

索道每天停止运营前，操作人员应检查并确认索道线路上或上车区域是否仍有乘客，并关闭索道的入口。

（二）客运索道的定期检查与维修

对架空索道的机电设备进行定期检查和合理的维修，能够保证索道安全运转，并充分发挥设备的效能，延长使用年限。每个索道站都应根据本索道制造商提供的使用维护说明书制订维护计划和定期检查计划，检修周期的长短和检修内容须在保证机电设备能在因零件磨损而发生故障之前得到及时的更换的前提下。所有机电设备在使用到一定时间以后，应按照预定的检修计划进行检查、小修、中修和大修，必须严格遵守检修期限，不得任意修改计划或延长检修时间。

为了保证检修工作的顺利进行并能及时地更换已磨损的零件，就必须保证有一定数量的储备配件，对特殊器材更应有必要的备件。

对于新购或由他处调来的长时间停运后恢复使用的设备以及在运行中设备突然出现不正常的情况时，应进行临时检查。

在各种检查中，如发现有严重缺陷（在计划修理期前就会使设备停止工作的缺陷），或者设备发生事故后，都应进行临时修理。

钢丝绳和抱索器是客运索道的重要部件，一旦出现问题，必定会造成人身伤亡事故，因此应在规定的时间内对钢丝绳和抱索器进行无损探伤。对于单线循环式索道上运载工具间隔相等的固定抱索器，应按规定的运行时间间隔移位。

运营后每 1 ~ 2 年应对支架各相关位置（如中心点、托压索轮及支架横担水平度、垂直度、支架形变等）进行检测，以防止发生脱索等重大事故。

应建立机电设备的档案，使每种设备都有完整的技术资料（包括必须配制的零件制造图纸），做好设备的统计与检修记录。

第三节 大型游乐设施及其安装

游乐设施中的大型游乐设施属于特种设备。《游乐设施术语》（GB/T 20306—2006）对游艺机、游乐设施、有移动式游乐设施做出如下定义：

游艺机是指具有动力驱动，供游客进行游乐的器械。

游乐设施是指在特定的区域内运行，承载游客游乐的载体。广义上它除包括具有动力的游乐器械外，还包括为游乐而设置的构筑物和其他附属装置以及无动力的游乐载体。

移动式游乐设施是指无专用土建基础，方便拆装、移动和运输的游乐设施。

大型游乐设施、客运索道产业是我国国民经济的新兴行业，20 世纪 80 年代初进入我国，发展至今每年参加游乐活动的人数达 3 亿人次，可以说已具备了一定的制造规模和消费规模。它们的发展在很大程度上标志着人民生活水平已达到小康社会。大型游乐设施的消费群和客运索道的使用者主要是广大的少年儿童和游客，一旦发生事故，社会影响特别恶劣，对人民群众的心理和精神伤害特别严重。

一、大型游乐设施结构及主要零部件

大型游乐设施种类繁多，结构复杂，总共有 13 大类，分别是观览车类、滑行车类、架空游览车类、陀螺类、飞行塔类、转马类、自控飞机类、赛车类、小火车类、碰碰车类、滑道类、水上游乐设施、无动力设施。

熟悉和掌握大型游乐设施的结构特点及工作原理等知识，对从事大型游乐设施的安全管理、安装、维修、维护保养及操作等作业人员来说是必不可少的。下面分别介绍目前几种典型的大型游乐设施的结构特点和工作原理。

（一）观览车类

观览车类的运动特点为乘人部分绕水平轴转动或摆动，主要有观览车、海盗船、大摆锤等。

1. 观览车（摩天轮）

大型观览车，一般称摩天轮，根据观览车传动方式分摩擦轮、柱销齿轮、液压马达传动观览车。

一般中、小型观览车采用前 2 种传动方式。观览车吊厢可以分为封闭式和非封闭式两种。目前，大多数观览车采用封闭式吊厢。

大型观览车绕水平中心轴转动，运行速度比较慢，对于边运行边上下乘客的观览车，其速度不允许超过 0.3 m/s。

摩擦轮传动观览车主要由驱动电动机带动链轮，通过传动装置带动轮胎转动，轮胎由弹簧施加压力压紧在机电类特种设备实用技术转盘的摩擦盘上，通过轮胎与摩擦盘的摩擦力带动观览车运行。

柱销齿轮传动观览车由电动机带动减速器，减速器带动柱销齿轮，齿轮与齿条相啮合，带动转盘转动。

液压马达传动观览车由液压马达带动小齿轮，小齿轮与大齿轮啮合带动转盘转动。

观览车一般由驱动装置、立柱、转盘、吊厢、站台、控制室、安全栅栏和备用发电机等组成。

驱动装置一般有：电动机、液压马达。

立柱形式有：双支承形式、单支承形式（又称悬臂式，如花篮式观览车）。

转盘根据结构型式分为钢索式、桁架式和桁架钢索式等。钢索式的特点就是滚道盘与主轴之间通过钢索相连接；桁架式的特点就是通过桁架从主轴出发延伸，最后外圈桁架形成大的转盘；也有无轮辐式观览车，中间没有任何支承，摩天轮自身并不转动，转动的是沿轨道旋转的吊厢。

吊厢有全封闭和半封闭，即全封闭吊厢一般有啤酒桶形和水滴形；半封闭吊厢一般在单支承形式的观览车上用得比较多。吊厢的主要受力结构件由钢材制成，封闭吊厢的材料一般用的是铁皮、玻璃钢、有机玻璃等。

站台供乘客上下，有钢结构，也有砖混结构。

控制室主要是安放设备的控制台，控制台应有广阔的视野，能够方便操作人员观察设备的运行状况，以便及时控制设备的运行。

安全栅栏是设备运行区域与周围乘客通道的有效隔离，可以有效阻止乘客的一些不安全行为。

备用发电机是一种应急救援装备，在设备处于停电状态下，可以快速疏散乘客。

观览车安全装置主要有两道保险门、吊厢吊挂保险、驱动电动机制动装置、吊厢防过摆阻尼装置、应急救援装置、备用发电机、避雷装置、防坠落安全网、安全栅栏等。

2. 海盗船

海盗船运动原理一般为安装在乘人座舱底部的驱动轮胎搓动船体主梁，提升船体的摆幅。

摆动到一定角度后，驱动电源断电，最后由制动系统对船体进行减速并制停。因船头上有一个“海盗”的装饰而得名为海盗船。

海盗船一般由乘人座舱、支架、悬架系统、动力系统、站台、操作室、安全栅栏等组成。

乘人座舱一般由槽钢做成船体骨架，玻璃钢座椅安装在骨架上，船舱头部一般安装玻璃钢制成的海盗或龙头。

支架主要以钢管焊接和法兰螺栓连接，支架顶部一般为人字形的焊接结构件，其通过法兰与 4 个主立柱连接，主立柱的另一端与设备基础通过预埋铁板焊接或地脚顶部的人字形焊接结构件螺栓连接。

悬架系统一般由吊耳、吊挂轴、吊挂臂组成。吊耳一般用厚钢板切割而成，它在支架加工前就焊接在支架主横梁上，通过吊挂轴与下部的吊挂臂进行连接。吊挂臂主要是由方管和槽钢焊接而成的桁架结构。

动力系统一般由槽钢做成矩形底座，底座上安装着电动机、带轮和轮胎。底座的一端通过铰接与基础预埋件相连，另一端通过销轴与气缸（或液压缸）连接，而气缸的另一端则与基础预埋件铰接。

海盗船安全装置主要有座舱船体吊挂轴两道保险钢丝绳、座舱摆角限位装置、船体外侧挡杆、安全压杠、安全带、制动装置、安全压杠锁紧装置、安全栅栏等。

3. 大摆锤

大摆锤运动原理一般为由主电动机驱动吊臂带动座舱摆动，座舱同时做自旋转运动，吊臂摆动到设计摆角后，驱动电源断电，座舱随着自重缓慢降低摆动角度，运行末期，控制系统通过电制动逐渐降低并制停座舱，设备在起动及停止时伴有上下乘客平台的降落与起升。

大摆锤一般由支架、吊挂系统、旋转动力系统、座舱、摆动动力系统、站台和操作控制系统等组成。①吊挂系统由一根方管或圆管制成的吊挂臂和座舱组成，吊挂臂下端通过对接法兰和座舱的回转支承外圈连接在一起，吊挂臂上端通过法兰与支架横梁旋转筒连接。②旋转动力系统是由直流电动机、减速器齿轮箱、内啮合齿轮副和回转支承构成。③座舱是由 6 个座椅框架和 6 个连接臂通过法兰连接组成，每个座椅框架上安装有多个座椅，每个座椅上安装有安全压杠和安全带。④摆动动力系统是由两个直流电动机串联连接同步运行，直流电动机通过减速器连接齿轮与安装在支架横梁上回转支承的齿轮啮合。⑤站台是由固定平台和活动平台两部分组成。固定平台是钢筋混凝土制成的基础平台。活动平台是由 4 个可升降的小平台构成 1 个内圆外方的整体平台。每 1 个小平台上面铺设有花纹板，下面有槽钢制成的支架，平台的外侧通过铰接与方管制成的支架连接，内侧通过铰接与气缸（液压缸）连接，气缸（液压缸）的另一端与基础支架通过铰接连接。设备开始运行前气缸（液压缸）收缩，站台下降；设备运行结束气缸（液压缸）顶升，站台上升至水平[①]。

大摆锤安全装置主要有座位安全压杠、束腰安全带、座位安全挡块及裆部安全带、安全压杠锁紧装置、吊臂铅锤限位、吊臂摆角限位、平台顶升限位、平台下降限位、外部确认按钮、压杠锁紧限位、座舱旋转定位限位等。

（二）滑行车类

滑行车类的运动特点是车辆本身无动力，由提升装置提升到一定高度后，靠惯性沿轨道运行；或车辆本身有动力，在起伏较大的轨道上运行。主要有悬挂式过山车、激流勇进、疯狂老鼠、滑行龙、太空飞车等。下面对悬挂式过山车、激流勇进进行简要分析。

1. 悬挂式过山车

悬挂式过山车运动原理一般为当乘客入座后，由站内操作人员压好安全压杠，系紧安全带，确定符合开机运行条件后，由操作人员启动设备运行后，站台制动装置、推进器系统、轨道提升电动机先后自动开启运行，此时活动平台下降，列车驶出站台，并通过提升链条牵引至轨道提升段最高点后释放，列车沿着轨道惯性滑行，最终进入轨道缓冲区后减速并停止，再由站前、站内推进器驱动车辆至停车位，站内活动平台提升，乘客下车。

悬挂式过山车由滑行导轨、立柱、列车、提升系统、推进系统、制动系统、站台、电气系统等组成。

滑行导轨有高速俯冲下滑段、高空翻转的立环段、螺旋推进的螺旋段等部分。轨道由一对主钢管组成，通过方管制成的托架与主支承结构焊接在一起，主支承结构再通过法兰和立柱或龙门架连接。

立柱由钢结构组成，根据轨道的走向结构各不相同，有的对轨道起支承作用，有的对轨道起吊挂作用；有的是龙门架，有的是人字架。

列车由多辆车组成，每辆车并排坐 2 位乘客。乘客坐在吊椅上，吊椅顶部与轮桥连接，

① 金樟民.机电类特种设备实用技术[M].北京：机械工业出版社，2018.

轮桥两侧各安装有一组轮系（每组车轮含行走轮、下导轮）。每组轮系均从3个方向即上、下、内侧包住轨道，轮桥之间通过连接器十字铰接。

提升系统由直流电动机驱动链条将列车提升到顶端（最高处），直流电动机固定在提升段的顶部。

推进系统在站台装有多组推进轮，将列车从站台推进到提升段。

制动系统一般设有两组，每组有多套制动装置：一组设置在站台，另一组设置在站台外一个缓冲区。每套制动装置均有气囊，通过气动系统控制气囊充气实现制动。

站台由两部分组成，一部分是钢结构的站台，在座椅的正下方，过山车启动前站台下降，进站停稳后升起来，方便乘客上下；另一部分是固定站台，在活动站台的两侧。

电气系统由各个部分的控制系统组成，有进出口门控制系统、升降站台控制系统、推进电动机控制系统、提升电动机控制系统、制动控制系统等。

安全装置有安全压杠、安全带、压杠锁紧装置、车辆止逆装置、车辆两道保险钢丝绳、应急救援通道等。

2. 激流勇进

激流勇进运动原理一般为主水泵首先启动，它把水从水池抽到第一提升段附近的水槽内，当水槽水位满足船安全出发条件后，船从站台出发后顺着水流前行到第一提升段并下滑，再进入第二提升段后下滑，最后回到站台。整个过程中，船的运动受到船体防撞自控系统的保护，船在两个下滑段如果由于故障而导致未能顺利冲到水道底部，防撞自控系统就会停止提升电动机的运行，阻止后来船只俯冲而发生船体相撞事故。

激流勇进由水道、站台、船、泵站、第一提升段、第二提升段、制动系统及控制系统等部分组成，并由水道将各机构连接成一体。

水道为矩形状截面的钢筋混凝土结构，由低水道及高水道组成。

站台是乘客上下船的地方，它建在低水道的中间位置，是乘客上下船的通道，水道底部装有多个制动闸。站台上设有控制台，用于控制水泵运转及船只进出。

船由玻璃钢制成，船体底部安装轮子用于控制运行方向及在滑道上行驶，船体坚固结实，外形美观。主要有前后导向轮、滑行轮、船体、安全把手、座椅等组成，是承载乘客的载体。前后导向轮主要作用是保证船体沿着水道的走向安全前行。滑行轮在船体下滑时，能确保船体安全平稳地沿着滑道急速下滑。船体不得设置安全带，以防发生意外时，乘客在船内不能及时解开安全带而溺水，但船内必须设置安全把手。船体座舱前后端还设置了软体，防止乘客在下滑时磕伤。

装在底盘侧面的4个轮子主要是控制船的方向，起导向作用。而船体的止逆装置装在行走轮系上。

供水系统一般安装在第一提升段底部，运行时水泵向水道内供水，以维持水道内足够流量的水推动船只向前运行。第一提升段由提升段和下滑段组成，其作用是将船从低水道提升到高水道。第二提升段也由提升和下滑段组成，其作用是将船提升到最高点，然后顺着滑道快速下滑。

制动系统由各自独立的制动闸组成。制动闸是电磁阀起动，压缩空气驱动气缸迫使船停靠，也有用手动转动转向盘控制船停靠。

控制系统主要由电气配电柜及操作控制台组成，电气配电柜安装在主水泵近端，操作控制台安装在站台内，由操作员操作控制设备运行。

安全装置有止逆装置、把手、防撞自控系统、水位监测系统、船体前后缓冲装置、安全救援通道、安全栅栏等。

（三）架空游览车类

架空游览车类的运动特点为沿架空轨道运行，主要有太空漫步、爬山车等。

1. 太空漫步

太空漫步运动原理由直线运动和旋转运动组成。

直线运动的动力源分为人力和机械两种。人力运动是通过人对脚踏施力，脚踏带动链轮，链轮通过链条带动安装在中间传动轴端部的链轮，链轮带动安装在同一根轴上的齿轮转动，齿轮与安装在底盘中心轴端头的齿轮啮合，中心轴下端安装着链轮，链轮通过链条带动安装在车身底盘后端的链轮运动，这个链轮与安装在传动轴上的齿轮副连接，从而带动行走轮沿轨道向前运动。

机械运动是电动机带动安装在输出轴上的链轮运动，链轮通过链条带动安装在传动轴上的链轮运动，链轮带动传动轴运动，传动轴带动行走轮运动。

旋转运动是动力通过转向盘传给予转向盘连接的倾斜的旋转轴，倾斜的旋转轴通过联轴器传给垂直的旋转轴，垂直的旋转轴的下端安装有小齿轮，小齿轮与大齿轮啮合，而大齿轮又通过传动轴与链轮连接，链轮通过链条与带动安装在车身底盘中间固定的链轮连接，从而使车身上半部绕底盘中心旋转。

太空漫步是由站台、控制柜、轨道、车辆四大部分组成。站台是乘客上下车、操作台防护、车辆存放及检修的场所；控制柜具有对所有车辆进行电气系统控制及保护的功能；轨道具有支承车辆、引导车辆前进方向、给车辆供电的功能；车辆具有承载乘客游乐的功能，由人工动力系、机械动力系、回转运动系、支承轮、导向轮、防倾翻轮、行走轮、座椅、防撞缓冲装置和音响等组成。

人工动力系与传统的架空脚踏车一样，由脚踏和链轮链条组成。机械动力系由电动机和链轮链条组成。回转运动系由转向盘、连接轴、万向节、齿轮副和链轮链条组成。导向轮、防倾翻轮、行走轮构成一套轮组，导向轮、防倾翻轮、支承轮也构成一套轮组，两组结构相同，区别在于行走轮轮组是安装在动力输出轴上的。座椅由玻璃钢材料制成，配有玻璃钢顶棚、不锈钢压杠和安全带。防撞缓冲装置是有机械的和电气的两套装置。同时在座椅下面安装有小型音响，通过电脑板控制能播放悦耳的音乐。

安全装置有安全压杠、把手、防撞自控系统、安全带、车辆前后缓冲装置、安全栅栏等。

2. 爬山车

爬山车运动原理是多辆车上装有独立的驱动机构，减速电动机通过链条使外侧后轮转动。车辆行进时，车上前桥的驱动销轴带动隐藏在路轨下面的导向同步器一起行驶。轨道弯曲时，导向同步器沿着轨道偏转，通过前桥的转向销轴，偏转角度传递到前桥转向器，使车轮自动转向，从而实现自动驾驶。车辆间通过拉杆连成一列车，与火车相似，车与车之间保持相同的间距。

爬山车主要由爬山车车体、路轨、顶棚、电气控制系统等组成。

爬山车车体由车厢前、后桥，大、小链轮等部分组成。车厢由机架、玻璃钢壳等组件组成；前桥有驱动和转向2个销轴，与隐藏在路轨下面的导向同步器两轴套分别相配；后桥通过减速电动机带动大、小链轮使外侧后轮转动。

路轨由钢管、角钢、扁钢等制作而成，轨道走向设置采用比较紧凑的方式，从地面盘旋而上再盘旋而下，尽量利用场地的面积和空间。

屋架、垂直支承、棚架柱、玻璃钢装饰板等组成了顶棚。

电气系统是由电气控制柜（含隔离变压器、检测）、小车电气保护、灯饰等组成，其作用是将AC380V变为DC48V电压输送到路轨上，检测小车运行圈数，并控制操作时间、灯饰等。

安全装置有把手、安全带、车辆间2道保险钢丝绳、安全环链、安全栅栏等。

（四）陀螺类

陀螺类的运动特点为座舱绕可变倾角的轴做回转运动，主轴大都安装在可升降的大臂上，主要有极速风车、双人飞天、逍遥水母、迪斯科转盘等。

1. 极速风车

极速风车运动原理为立柱等整体由液压缸缓慢升起，到一定角度后，大臂做旋转运动，而座舱臂绕自转中心做旋转运动，同时又在重力的作用下做无规则的自由翻滚运动。

极速风车主要由机座、立柱、大臂（含承重臂、旋转座、平衡臂）、6臂自转筒、连接筒、座舱臂、站台、液压系统、气动系统和电气控制系统等组成。

立柱下端与机座由销轴铰接，上端通过回转支承与旋转座连接，机座用预埋螺栓固定在设备基础上；液压缸下端用销轴与机座铰接，上端与立柱用销轴铰接。承重臂的一端与6臂自转筒之间通过内齿式回转支承连接，承重臂的另一端与旋转座连接，旋转座的另一端与平衡臂连接。6 臂自转筒经连接筒通过回转支承与 6 条座舱臂连接，每条座舱臂上有 5 张座椅组成座舱。每 2 条座舱臂有一套由气动控制的防上下乘客时座椅摆动的装置。

站台用钢构件或混凝土制成，站台与水平面有一定的倾斜度，站台 4 周设有安全栅栏，站台一侧设有操作室。

液压系统由液压站、升降液压缸和液压马达等部件组成。

气动系统由空压机、气动旋转头、气控阀、锁紧气缸、升降气缸等部件组成，控制座椅压杠的升降与锁紧。

电气系统由供配电系统、PLC 控制系统和直流调速系统组成。

极速风车的安全装置主要有立柱的限位装置、大臂的定位装置、液压系统的油温报警和超压保护装置、防液压缸快速下降装置、座舱的安全压杠和安全带、座椅压杠锁紧装置、压杠锁紧系统的连锁控制系统、发电机等。

2. 双人飞天

双人飞天运动原理为设备启动后，液压泵向液压马达和液压缸供油。液压马达带动小齿轮运动，小齿轮与大齿轮啮合，带动整个转盘转动。在转盘转动的同时，液压缸顶升，使大臂前端抬起，整个转盘倾斜运转。

双人飞天主要由站台、转盘、升降装置、液压传动装置和控制系统等组成。

站台一般是砖混结构，是一个圆环形平台，起乘客上下吊椅的作用。

转盘的主体是由圆管焊接或用螺栓连接成的桁架结构。转盘中心是一个圆形盘，四周是钢结构的辐条，辐条的根部通过螺栓与转盘中心圆盘的上下连接，辐条的另一端用螺栓连接圆管，而圆管中间吊挂吊椅。

升降装置由大臂和液压缸组成。大臂的后端通过销轴铰接固定在地面支座上，前端焊接有一个圆柱形（或方形）支座，支座与转盘又通过回转支承连接在一起。液压缸下端通过铰链固定在地面上，另一端通过销轴与大臂后端铰接。

液压传动装置是由液压马达和齿轮副构成，液压马达与小齿轮连接，小齿轮与大齿轮啮合。

控制系统是通过控制液压泵站的电磁阀使设备完成旋转和升降的动作。

双人飞天的安全装置有安全带、安全挡杆、限位装置、座椅吊挂二次保险钢丝绳、锁紧装置。

（五）飞行塔类

飞行塔类的运动特点为悬挂式吊舱且边升降边回转，吊舱用挠性件吊挂，主要有跳伞塔、摇头飞椅、观览塔、青蛙跳等。

跳伞塔是乘客座舱（伞体吊篮）沿竖直方向做上下往复运动的设备。

跳伞塔主要由支承结构、玻璃钢伞体吊篮、传动部件、制动系统和电气控制系统等组成。

（1）支承结构。跳伞塔的支承结构由底座、中间立塔等组成。底座和立塔是这套设备的基础部件，用以保证相关部件的相对位置支持全部设备的安全运转。底座是用 H 形钢制成的焊接与螺栓连接的复合结构，以满足运输条件及便利安装的要求。中间立塔的内部安装有工作平台及楼梯，工作人员由地面经梯子可达平台，可进行传动部件及电路部件的检查及维护工作。

（2）玻璃钢伞体吊篮。伞体吊篮不设座椅，乘客站立式。吊篮可乘坐 2 个大人和 1 个小孩。为了乘客的安全，跳伞的中间骨架设有防护栏杆，伞门装有手拉式和脚踏式两重锁，确保乘客的安全，脚踏式锁只有在伞体外的管理人员才能控制。伞体可拆成伞罩、中间骨架及吊篮等 3 部分，便于运输和堆放。整个伞体吊篮造型优雅华丽、赏心悦目。

（3）传动部件。座舱的运动是由曳引电动机带动动滑轮通过钢丝绳及定滑轮使乘客座舱沿竖直方向做上下往复运动。曳引电动机质量上乘可靠、起动平稳、停车舒缓，令乘客乘坐舒适。

（4）制动系统。伞舱的制动由变频器的电气制动系统及曳引电动机抱闸制动共同配合完成，制动平稳、可靠。

（5）电气控制系统。①电气控制系统主要包括 30 个接近开关、6 个限位开关（预防发生故障冲顶）、3 台操作员控制台（0C1 ~ 3）、1 个配电柜（MCC）。系统保护装置齐全，操作方便快捷，可充分保证设备运行的安全、可靠和稳定，使游戏的安全性得到最大限度的提高。②系统经可编程序控制器（PLC）控制各变频器。各伞舱曳引电动机分别由 6 个变频器单独驱动，在运行模式下，伞舱的升降运动由控制系统自动控制；伞舱的上升（下降）速度分两级，在低（高）处为快速上升（下降），当升（降）至离塔顶（地面）约 3 m 时，则变为低速上升（下降）；升降曳引电动机带有可靠的电磁制动装置，控制电路也设有预防故障冲顶保护，使设备运行安全可靠。

（六）转马类

转马类的其运动特点为座舱安装在回转盘或支承臂上，绕垂直轴或倾斜轴回转，或绕垂直轴转动的同时有小幅摆动，主要有转马、双层转马、转转杯等。

1. 转马

转马若从传动结构来分，可分为上传动和下传动形式。

上传动工作原理：起动后由电动机带动减速器的输入轴，减速器的输出轴则通过联轴器带动小齿轮转动，小齿轮通过啮合驱动安装在主轴上的大齿轮（或回转支承齿圈）运动，使主轴通过桁架内外两侧的支柱带动整个转盘旋转。桁架旋转时安装在主轴顶部的大锥齿轮一起旋转，安装在桁架上的曲轴内侧端的小锥齿轮通过与大锥齿轮啮合，带动曲柄轴旋转，曲柄轴旋转时带动拉杆上下运动。因为拉杆下面固定着木马，所以木马就做上下运动；与此同时，木马下端的拉杆还通过套筒固定在转盘上，故木马又随同转盘一起做旋转运动。因此，木马的旋转运动和上下运动合成在一起就形成了木马跳跃式的运动形态。

下传动工作原理：转盘底部电动机通过带轮带动小齿轮，小齿轮通过啮合驱动安装在主轴上的大齿轮带动转盘转动，转盘下面安装着曲轴，曲轴的端头安装着轮胎，顶杆安装在曲轴上，顶杆上安装着木马，转盘旋转带动轮胎转动，轮胎转动带动曲轴转动，曲轴转动带动顶杆上下运动，顶杆带动木马上下运动。

转马主要由支柱、转盘、顶棚、木马、驱动机构、传动机构、操作控制台等组成。其安全装置主要有安全带、扶手等。

2. 转转杯

转转杯的工作原理：电动机带动小齿轮旋转，小齿轮与大齿轮啮合带动大齿轮旋转，大齿轮通过回转支承与大转盘固定在一起，大转盘跟随大齿轮旋转而转动。小转盘的旋转工作原理与大转盘类似，另外小转盘的回转支承及减速电动机固定在大转盘的钢结构上，在实现自身旋转的同时随大转盘一起旋转。

转转杯一般由底部支承座、大转盘和支承架、小转盘和支承架、转杯、旋转动力系统、站台和控制室组成。

底部支承座是由槽钢和铁板焊接而成的“十”字结构，相互间用高强度螺栓连接。

大转盘和支承架由钢架结构组成，上面铺一层铝合金花纹板，大转盘中心部位通过大回转支承与底部支承座连接在一起。

小转盘和支承架由钢架结构组成，通过回转支承固定在大转盘的钢结构上，以实现小转盘自转同时随大转盘一起转动。

转杯是由玻璃钢和钢结构组成，转杯的立轴轴座用螺栓固定在小转盘的钢结构上，在设备运转时自由旋转，也可由乘客手动转动手轮使其转动。

旋转动力系统有大转盘的旋转系统和小转盘的旋转系统。大转盘的旋转系统是由减速电动机连接小齿轮和与之相啮合的回转支承的大齿轮组成。

站台一般由角铁和花纹板制成，有 2 个阶梯区分进出口，在站台一端装有操作室，操作室里安装操作系统。

（七）自控飞机类

代码为 6700，其运动特点为乘人部分绕中心轴转动并做升降运动，乘人部分大都安装在回转臂上，主要有自控飞机、弹跳机、小蜜蜂等。

自控飞机工作原理：电动机带动小齿轮旋转，小齿轮带动中心回转支承旋转，安装在回转支承上的上框架随之旋转，摇摆臂及气缸构成的运动机构随着上框架一起旋转，而安装在摇摆臂末端的座舱的上升运动由气动系统提供的压力气体顶升，其下降靠自身重力，每个座舱内的上升及下降按钮可以控制每个摇摆臂下顶升气缸气路系统，乘客可以通过按压上升及下降按钮实现形似飞机的座舱做出升降动作，故名“自控飞机”。

自控飞机一般由底部组件、回转支承、驱动系统、气缸及摇摆臂、座舱、控制系统、气动系统、站台等组成。

（八）水上游乐设施

水上游乐设施的运动特点为借助水域、水流或其他载体，在特定水域运行或滑行，为达到娱乐目的而建造的游乐设施，主要有水滑梯系列、峡谷漂流系列、碰碰船系列，如水滑梯、峡谷漂流和游船等。

水上游乐设施使用场合：除游船类外，水上游乐设施一般使用于水上乐园，而水上乐园里的水上游乐设施主要以水滑梯为主。常见的水上游乐设施有高速滑梯、彩虹滑梯（竞赛滑梯）、螺旋滑梯（敞开或封闭）、儿童滑梯、造浪池及与滑梯相配套的游乐池。近年来，部分新建的主题水上公园还引进了国外惊险高空高速水滑梯，如龙卷风暴（大喇叭）、魔力碗、水上过山车等。

乘客乘坐滑梯时一般需要先经楼梯到达十几米高的出发平台，然后借助滑梯内水流作用力和乘客自身的重力滑行。

部分滑梯还需使用皮筏才能滑行，并且对下滑乘客的姿势有要求，因此乘客应遵从操作员的讲解，并在下滑过程中保持正确的滑行姿势。

水滑梯系统由支承结构（支承立柱、支臂、托盘）、出发平台、玻璃钢构件、供水系统、落水池（截留区）、运载工具等组成。

水滑梯系统自上而下分为：起始端—滑行区—结束端 / 截留区 / 溅落区。

起始端：乘客进入滑梯的区域。滑行区：乘客沿特定的滑梯表面滑行的区域。结束端：滑梯末端，供乘客准备停止滑行部分。截留区：滑梯末端供乘客停止部分。溅落区：供乘客从滑梯末端滑出落入缓冲、停止滑行的专用水域。

二、大型游乐设施的生产过程

（一）大型游乐设施的设计

大型游乐设施的设计必须符合国家有关法律、法规、安全技术规范和标准的规定。设计文件应当经国务院特种设备安全监督管理部门核准的检验检测机构鉴定。

1. 大型游乐设施设计的基本要求

（1）游乐设施的设计应有设计说明书、计算书、使用说明书及符合国家有关标准的全套施工图。

（2）大型游乐设施的设计，除考虑永久载荷、变载荷外，必要时还应考虑风载、雪载、地震等特殊载荷对整体结构的影响。

（3）游乐设施及其辅助设施的设计，应计算正确、结构合理，能保证乘人安全。无法进行精确计算时，可采用实验数据验算。游乐设施设计应规定其整机及主要部件设计使用寿命。

（4）材料的选用应根据结构的重要性、载荷特征、结构形式、应力状态、连接方法和工作环境等因素综合考虑。

（5）重要的机械零件所用的金属材料，其力学性能、热处理性能、冲击韧性等均应满足工况要求。

（6）当游乐设施载荷理论计算值与实际测试值有较大差别时，理论计算结果应重新进行验算。

2. 大型游乐设施设计的流程

设计过程可分为方案设计和施工图设计。游乐设施的制造单位必须取得国务院特种设备安全监督管理部门的相应许可后，方能从事相关产品的制造工作。制造单位应当采用符合安全技术规范要求的游乐设施设计文件进行制造，对所制造的游乐设施质量和安全技术性能负责。

（1）制造单位应当对大型游乐设施的设计进行安全评价，提出安全风险防控措施。对首次使用的新技术，制造单位应当验证其安全性能。

（2）制造厂应具备基本的生产条件：完整的产品图样和技术文件；必需的加工制造手段及工艺装备；必要的检测手段；熟练的技术工人和一定数量的技术人员；制造厂应具备健全的质量管理体系，应明确规定从原材料、外协件、外购件进厂到产品出厂等各个环节的质量要求。原材料、外协件、外购件都应具有证明质量合格的文件。

（3）制造单位应当明示大型游乐设施整机、主要受力部件的设计使用期限。对在整机设计使用期限内需要检验、检测或更换的部件，应当设计为可拆卸结构；对不能设计为可拆卸结构的部件，其设计使用期限不得低于整机设计使用期限。

（4）大型游乐设施设计完成后，制造单位应当依法向特种设备检验机构申请设计文件鉴定。按照安全技术规范的要求，应当进行型式试验的大型游乐设施或者试制大型游乐设施新产品，制造单位应当依法向特种设备检验机构申请进行型式试验。在申请型式试验之前，制造单位应当对试制的大型游乐设施新产品制订试验方案，进行安全性能试验和测试。

（5）制造单位应当按照设计文件、标准、安全技术规范等要求进行制造。对设计图样和技术文件不得随意修改，修改应取得原设计单位同意，修改内容应记录存档；对重要零部件及焊缝必须进行探伤检验，非重要零部件也应按图样技术要求及有关标准进行检验。

（6）制造单位委托加工零部件或者外购零部件的，应当按照其质量体系的要求，加强质量控制并依法承担责任。

（7）制造厂在每台产品出厂前，应根据设计图样和技术文件，并按有关标准及安全技术规范要求进行制造过程的监督检验和自检，检验合格后方可出厂。大型游乐设施出厂时，应当附有产品质量合格证明、设计文件鉴定报告、型式试验合格证明、安装及使用维护说明书等文件。移动式大型游乐设施还应当附有拆装说明书。使用维护说明书应当明确规定使用条件、技术参数、操作规程、乘客须知、试运行检查项目、人员要求、设备日常检查和定期检查项目、维护保养项目和要求、常见故障及排除方法、事故应急处置方案、整机和主要受力部件设计使用期限、主要受力部件检测和易损件更换的周期和方法等。

（8）制造厂在产品出厂时，应向用户提供产品使用维护说明书及有关图样，产品合格证及必要的备品备件和专用工具等。使用维护说明书及有关图样的内容，应具有指导使用、操作、维护及故障排除等功能。

（二）游乐设施的安装、改造与维修

游乐设施安装、改造、维修应当依照《特种设备安全法》取得相应许可的单位进行；安装、改造、维修单位应当在施工前将拟进行特种设备安装、改造、维修情况书面告知直辖市或者设区的市的特种设备安全监督管理部门，告知后方可施工；安装、改造、维修单位要进行自检并经国务院特种设备安全监督管理部门核准的检验检测机构按照安全技术规范的要求进行监督检验；安装、改造、维修单位应当在施工验收后 30 日内，将安装、改造、维修的技术资料移交使用单位。以下简要介绍游乐设施的安装基本要求。

（1）安装精度应当符合要求。

（2）钢丝绳端部必须用紧固装置固定，端部固定应符合要求；重要部位钢丝绳直径与绳夹的数量和间距应符合要求。

（3）防腐涂装要根据不同的材料及不同的工作环境，采用相应的工艺及材料进行有效的防腐处理；所有需要进行涂装的金属制件表面在涂装前必须将锈、氧化皮、油脂、灰尘等除去；焊接件需热处理的，则除锈工序应放在热处理工序之后进行。

（4）整机安装完毕后，应进行详细检查，确认一切正常后，再进行空、满、偏载试验，并做好记录。

三、大型游乐设施的运营与维护保养

大型游乐设施的事故一般都发生在使用过程中，用好游乐设施，管好游乐设施，是做好游乐设施安全工作的关键。

（一）大型游乐设施的运营

《大型游乐设施安全监察规定》对大型游乐设施的运营使用提出了要求，主要内容如下：

（1）大型游乐设施在投入使用前或者投入使用后30日内，运营使用单位应当向直辖市或者设区的市的质量技术监督部门登记。移动式大型游乐设施在每次重新安装投入使用前或者投入使用后30日内，运营使用单位应当向直辖市或者设区的市的质量技术监督部门登记；移动式大型游乐设施拆卸后，应当在原使用登记部门办理注销手续。运营使用单位应当将登记标志置于大型游乐设施进出口处等显眼位置。

（2）运营使用单位应当在大型游乐设施安装监督检验完成后1年内，向特种设备检验机构提出首次定期检验申请；在大型游乐设施定期检验周期届满1个月前，运营使用单位应当向特种设备检验机构提出定期检验要求。特种设备检验机构应当按照安全技术规范的要求进行定期检验。

（3）运营使用单位应当建立健全安全管理制度。安全管理制度应当包括以下主要内容：技术档案管理制度、设备管理制度、安全操作规程、日常安全检查制度、维护保养制度、定期报检制度、作业和服务人员守则、作业人员及相关运营服务人员安全培训考核制度、应急救援演练制度、意外事件和事故处理制度。

（4）运营使用单位应当对每台（套）大型游乐设施建立技术档案，依法管理和保存。技术档案应当包括以下主要内容：安装技术资料，监督检验报告，使用登记表，改造、修理技术文件，年度自行检查的记录，定期检验报告，应急救援演练记录，运行、维护保养、设备故障与事故处理记录，作业人员培训、考核和证书管理记录，法律法规规定的其他内容。

（5）运营使用单位应当按照安全技术规范和使用维护说明书的要求，开展设备运营前试运行检查、日常检查和维护保养、定期安全检查并如实记录。对日常维护保养和试运行检查等自行检查中发现的异常情况，应当及时处理。在国家法定节假日或举行大型群众性活动前，运营使用单位应当对大型游乐设施进行全面检查维护，并加强日常检查和安全值班。运营使用单位进行本单位设备的维护保养工作，应当按照安全技术规范要求配备具有相应资格的作业人员、必备工具和设备。

（6）运营使用单位应当在大型游乐设施的入口处等显著位置张贴《乘客须知》、《安全注意事项》和警示标志，注明设备的运动特点、乘客范围、禁忌事宜等。

（7）运营使用单位应当制订应急预案，建立应急救援指挥机构，配备相应的救援人员、营救设备和急救物品。对每台（套）大型游乐设施还应当制订专门的应急预案。运营使用单位应当加强营救设备、急救物品的存放和管理，对救援人员定期进行专业培训，每年至少对每台（套）大型游乐设施组织1次应急救援演练。运营使用单位可以根据当地实际情况，与其他运营使用单位或公安消防等专业应急救援力量建立应急联动机制，制订联合应急预案，并定期进行联合演练。

（8）运营使用单位法定代表人或负责人对大型游乐设施的安全使用管理负责。

（9）运营使用单位应当设置专门的安全管理机构并配备安全管理人员，或者配备专职的安全管理人员，并保证设备运营期间，至少有1名安全管理人员在岗。运营使用单位、安全管理机构和安全管理人员，应当履行以下职责：①负责检查本单位各项安全管理制度的落实情况；②负责制订并落实设备维护保养及安全检查计划；③负责设备使用状况日常检查，排查事故隐患，发现问题应当停止使用设备，并及时报告本单位有关负责人；④负责组织设备自检，申报使用登记和定期检验；⑤负责组织应急救援演习；⑥负责组织本单位人员的安全教育和培训；⑦负责技术档案的管理。

（10）运营使用单位应当按照安全技术规范和使用维护说明书要求，配备满足安全运营要求的持证操作人员，并加强对服务人员岗前培训教育，使其掌握基本的应急技能，协助操作人员进行应急处置。操作人员应当履行以下职责：①严格执行操作规程和操作人员守则；②每次运行前应当向乘客告知安全注意事项，对保护乘客的安全装置进行检查确认；③运行时应当密切注意乘客动态及设备运行状态，发现不正常的情况时，应当立即采取有效措施，消除安全隐患；④熟悉应急救援流程，发生故障或突发事件时，应当立即停止运行或采取紧急措施保护乘客，并立即向现场安全管理人员报告；⑤如实记录设备的运行情况。

（11）大型游乐设施进行改造的，改造单位应当重新设计，按照本规定进行设计文件鉴定、型式试验和监督检验，并对改造后的设备质量和安全性能负责。大型游乐设施改造单位应当在施工前将拟进行的大型游乐设施改造情况书面告知直辖市或者设区的市的质量技术监督部门，告知后即可施工。

大型游乐设施改造竣工后，施工单位应当装设符合安全技术规范要求的铭牌，并在验收后30日内将符合《大型游乐设施安全监察规定》要求的技术资料移交运营使用单位存档。

（12）大型游乐设施的修理、重大修理应当按照安全技术规范和使用维护说明书要求进行。大型游乐设施修理单位应当在施工前将拟进行的大型游乐设施修理情况书面告知直辖市或者设区的市的质量技术监督部门，告知后即可施工。重大修理过程，必须经特种设备检验机构按照安全技术规范的要求进行重大修理监督检验，未经重大修理监督检验合格的不得交付使用；运营使用单位不得擅自使用未经重大修理监督检验合格的大型游乐设施。大型游乐设施修理竣工后，施工单位应将有关大型游乐设施的自检报告等修理相关资料移交运营使用单位存档；大型游乐设施重大修理竣工后，施工单位应将有关大型游乐设施的自检报告、监督检验报告和无损检测报告等移交运营使用单位存档。

（13）大型游乐设施改造、重大修理施工现场作业人员应当满足施工要求，具有相应特种设备作业人员资格的人数应当符合安全技术规范的要求。

（14）大型游乐设施发生故障、事故的，运营使用单位应当立即停止使用，并按照有关规定及时向县级以上地方质量技术监督部门报告。对因设计、制造、安装引发的故障、事故，存在质量安全问题隐患的，制造、安装单位应当对同类型设备进行排查，消除隐患。

（15）对超过整机设计使用期限仍有修理、改造价值，可以继续使用的大型游乐设施，运营使用单位应当按照安全技术规范的要求通过检验或者安全评估，并办理使用登记证书变更。运营使用单位应当加强对允许继续使用的大型游乐设施的使用管理，采取加强检验、检测和维护保养等措施，加大全面自检频次，确保使用安全。大型游乐设施主要受力部件超过设计使用期限要求的，应当及时进行更换。

（16）运营使用单位租借场地开展大型游乐设施经营的，应当与场地提供单位签订安全管理协议，落实安全管理制度。场地提供单位应当核实大型游乐设施运营使用单位满足相关法律法规以及《大型游乐设施安全监察规定》要求的运营使用条件。

（二）大型游乐设施的维护保养

（1）使用单位必须对游乐设施严格执行维修保养制度，明确维修保养者的责任，对游乐设施定期进行维修保养。使用单位没能力进行维修保养的，必须委托有资格的单位进行维修保养，双方必须签订维修保养合同，接受游乐设施维修保养委托的单位应对其维修保养质量负责。

（2）使用单位应当严格执行游乐设施的日检、月检、年检制度，发现问题应及时处理，严禁带故障运行。

日检至少应检查下列项目：①控制装置、限速装置、制动装置和其他安全装置是否有效及可靠；②运行是否正常，有无异常的震动或者噪声；③各易磨损件状况；④门联锁开关及安全带等是否完好；⑤润滑点的检查和加添润滑油；⑥重要部位（轨道、车轮等）是否正常。

月检至少应检查下列项目：①各种安全装置；②动力装置、传动和制动系统；③绳索、链条和乘坐物；④控制电路与电气元件；⑤备用电源。

对使用的游乐设施，每年要进行一次全面检查，必要时要进行载荷试验，并按额定速度进行起升、运行、回转、变速等机构的安全技术性能检查。

检查应当做详细记录，并存档备查。

（3）清洁和润滑。清洁和润滑好坏直接影响游乐设施各机构的使用寿命。凡是带轴有孔，属于动配合的部位以及某些相互运动的零件和有摩擦部位的机械部分，都要定期进行润滑，保证滚动摩擦和滑动摩擦的零部件良好运行。由于游乐设施工作环境、使用频率、工作状态不同，其各部位润滑周期也不同。

游乐设施操作人员除了操纵游乐设施外，还必须保养好游乐设施，即经常进行清洁和润滑工作，检查易损零部件的磨损情况，确定是否需要更换，发现游乐设施有故障时及时联系修理人员修好，不能带病操作。只有游乐设施及其安全装置处于完好的技术状态下，才可能避免发生事故。

第四章　特种设备检验与相关技术运用

第一节　特种设备检验概述

特种设备监督检验分为两大类，一是制造监督检验，二是安装（包含改造和重大修理）监督检验，是指对特种设备制造或安装（包含改造和重大修理）过程的各关键要素进行审查、见证和必要的抽检，具有监督性和验证性，属于强制性法定检验。

特种设备定期检验是针对在役特种设备，按照规定的检验周期对设备安全、健康状况进行的检验、检测活动，属于强制性法定检验。

通过制造监督检验，保证特种设备由符合资质要求的设计单位进行设计，由符合资质要求的生产单位按照正确的工艺、方法进行制造，保证制造过程符合规范和质量体系的要求，保证制造的特种设备符合国家、行业标准及订货技术规范书的要求，经过检验和试验，是合格产品，保证特种设备出厂随机资料的完整和齐全。

通过安装监督检验，可以保证特种设备安装单位的安装资质符合要求，保证施工单位履行安装告知手续，保证安装过程按照施工方案和措施进行施工，保证特种设备的安装质量符合标准及验收规范的要求，保证有完整的安装技术记录、整理各项竣工资料进行归档；改造和重大修理的监督检验，在安装监督检验的基础上增加对改造或重大修理方案的审查，主要审查改造或重大修理方案的合规性，合规性体现在可以委托有设计资质的设计单位（包括原设计单位）制定，也可以是使用单位制定，但必须经原设计单位同意认可，同意认可要有书面文件，改造或重大修理方案须有审批手续。

定期检验能及时发现和消除危及设备安全运行的缺陷隐患，防止事故发生，延长设备使用寿命。

第二节　特种设备检验检测与机构分析

一、特种设备检验检测的类型与特点

特种设备检验检测是由具有检验检测资质的特种设备检验机构在核准的检验检测项目内，利用检验检测仪器对特种设备开展的检验检测工作，客观、公正、及时地出具检验检测结果、鉴定结论，并对检验检测结果、鉴定结论负责。

（一）特种设备检验检测的类型

特种设备检验检测主要分为一般监督检验检测和定期检验检测。在我国，监督检验检测贯穿于特种设备的设计、型式试验、生产与制造、安装、验收检查以及投入使用后的定期检验检测。在上述环节中，型式试验、监督检验检测以及定期检验检测属于最为重要的环节。例如，对于电梯来说，由于安装与测试是决定电梯质量的重要因素，因此更注重安装之后的检验检测以及验收。同时，基于无专人操作的特点，电梯使用后，它的安全性主要依靠定期检验检测。因此安装、测试与定期检验检测的工作就尤为重要。

在我国，不同的特种设备检验检测方法与标准不同，其主要共性有以法律为基础建立相应的特种设备检验检测标准和方法，都受到相关政府部门的监督管理；特种设备检验检测人员需具备相应的检验检测资质。特种设备检验检测是以安全为出发点，主要涵盖如下内容：根据检验检测要求与检验检测目的选择不同的法规与标准；根据检验检测内容与项目选择相应的检验检测设备与仪器；根据样机的性能特点制定相应的检验检测流程并实施检验检测工作；分析相应的属性和结果，最终提交特种设备检验检测报告。

厂家、用户与第三方监督检验检测是构成特种设备检验检测的 3 个重要主体。厂家检验检测主要是自检；甲方验收则是用户检验检测的主要方式；第三方检验检测是指特种设备检验检测机构的工作环节。

（二）特种设备检验检测的主要特点

特种设备在运行过程中必须具有较高的安全性能，针对特种设备特殊的安全性需求，我国对其的检验检测以强制性和全面性为主。特种设备检验检测工作虽然直接与检验检测市场挂钩，但是也承担一部分的政府职能。可以说既面向市场寻求发展又同时为政府提供技术支撑和安全保证。它所具有的特定检验检测内容决定了这个行业特殊的职能特点。

二、特种设备检验检测机构

国家质检总局负责特种设备检验检测机构的核准，各省设定相应的省级监督部门负责监管省内的检验检测机构。经国家质检总局核准之后，相应的检验检测机构可以获取《特种设备检验检测机构核准证》，根据该证书核准范围拥有相应的检验检测权限。特种设备综合检验检测机构的核准条件分为甲、乙、丙 3 类。获得核准的机构，分别简称为甲类、乙类和丙类机构，其中，乙类和丙类机构只能在省级质量技术监督部门限定的区域内从事检验检测工作。

（一）特种设备检验检测机构的类型

特种设备检验检测机构按类别主要分为综合检验检测机构、型式试验机构、无损检测机构、气瓶检验机构。现有的检验检测机构，按单位性质、工作特点和业务范围大致可分为以下 3 种：

第一种，履行特种设备安全监察职能的政府部门设立的专门从事特种设备检验检测活动、具有事业法人定位且不以营利为目的公益性检验检测机构，可以从事特种设备监督检验检测、定期检验检测和型式试验等工作。

第二种，在特定领域或者范围内从事特种设备检验检测活动的检验检测机构，可以从事特种设备型式试验、无损检测和定期检验检测工作。

第三种，特种设备使用单位设立的检验检测机构，负责本单位一定范围内的特种设备定期检验检测工作。特种设备检验检测机构所从事的监督检验检测和定期检验检测、型式试验工作，是依据特种设备有关的安全技术规范进行的，对被检单位来说，是强制性的，检验检测机构所出示的报告、所下的结论意见，对被检单位产生法律效力。

（二）特种设备检验检测机构的主要特点

（1）我国特种设备检验检测机构的性质。与发达国家相比，起步晚、发展慢是我国特种设备检验检测行业的历史特点，随着经济的快速发展，该行业在我国近几年的发展速度达到惊人的程度。这与国际上以第三方民营独立检测的状况正好相反。

（2）特种设备检验检测机构的运营模式。特种设备检验检测机构在我国不属营利性质，政府只是授权给政府所属机构，暂不授权给国外机构。而国际上的检验检测市场基本被欧美等少数检验检测集团所垄断，这些机构是以营利为目的的市场竞争行为。

（3）特种设备检验检测机构需要具备的条件。我国特种设备检验检测机构需取得相应的法人资格，其经营目的是公益性非营利性；检验检测机构需有相应的专业技术人员、检验检测人员，负责人需是专业的工程技术人员，检验师和检测师需持证上岗；必要的使用场地、检验检测技术是检验检测机构运营必须具备的条件；质量管理体系与相关制度是检验检测机构发展不可或缺的条件；认真执行相应的规范与标准。

第三节　特种设备的监督检验与定期检验

一、特种设备检验的依据和监督检验执行的标准和规范

（一）特种设备检验的法律依据

《中华人民共和国特种设备安全法》和《特种设备安全监察条例》是进行特种设备监督检验和定期检验的法律依据。

《中华人民共和国特种设备安全法》第二十五条，《特种设备安全监察条例》（国务院令第 373 号公布，第 549 号修订）第二十一条，对特种设备的制造监督检验和特种设备安装、改造、重大维修过程的监督检验做出规定，对于制造单位的要求是应进行制造监督检验，特种设备未进行监督检验或监督检验不合格的，不得出厂交给订货单位。对于施工

单位的要求是特种设备安装前要履行安装告知手续，应进行安装、改造及重大修理的监督检验的特种设备未进行监督检验或监督检验不合格的，不得进行竣工验收和交付使用。

《中华人民共和国特种设备安全法》第四十条，《特种设备安全监察条例》（国务院令第 373 号公布，第 549 号修订）第二十八条，对特种设备的定期检验做出规定，特种设备定期检验的主体责任是特种设备使用单位，要求使用单位在检验合格有效期届满前 1 个月向特种设备检验机构提出定期检验申请，未经定期检验或者检验不合格的特种设备，不得继续使用。

（二）特种监督检验执行的标准与规范

特种设备监督检验执行的标准和规范主要有相关的特种设备技术监督规程和特种设备安全技术规范（TSG）；特种设备制造单位执行的设计、制造、检验检测技术规范或标准；特种设备安装（包含改造、重大修理）单位施工执行的各项施工技术规程（规范）、检验检测标准、验评规程（规范）等。

我国的特种设备安全技术规范（TSG）由国家质检总局制定并颁布实施，是实施特种设备监督检验的基础规范，根据技术规范的要求，对制造单位和施工单位的资质进行审查，按照规范规定的方法、程序实施监督检验。

特种设备制造单位执行的设计、制造、检验检测规范或标准，数量较多，每类特种设备都会有十几个甚至几十个规范或标准，从制定颁布来源上来说，既涉及国家标准，也有行业标准，还有国际标准，具体到某一特种设备设计、制造、检验检测执行哪些规范或标准需通过设备订货技术协议进行确定。

特种设备制造监督检验执行的设计、制造、检验检测规范或标准要与特种设备订货技术协议或技术规范书中确定的执行规范或标准相一致。

电力行业的特种设备安装、改造及重大修理工作执行的主要为 DL5190 系列施工技术规范、DL5210 系列验评规范、NB/T47013、D L/T820、DL/821 等检验规范以及施工需要的各类基础规范和标准。具体的要求也是通过施工技术协议进行确定。

特种设备安装监督检验执行的施工技术规范或标准要与施工技术协议、施工方案中确定执行的规范或标准相一致。

二、特种设备安装监督定期检验的执行流程

（一）安装告知程序

《中华人民共和国特种设备安全法》第二十三条、《特种设备安全监察条例》（国务院令第 373 号公布，第 549 号修订）第十七条，对特种设备安装告知提出要求。

安装告知需要在特种设备安装（包含改造、修理）前进行，安装告知由施工单位进行，安装告知可以网上进行告知，也可以线下直接书面告知，直接书面告知需要到施工所在地

的设区的市级技术监督局或者当地行政办事大厅的相应窗口办理。

实施施工告知的目的是及时获取现场施工信息，方便开展现场安全监察，督促施工单位申报监督检验。

施工告知只需要施工单位按要求填写《特种设备安装改造维修告知书》，应提供加盖单位公章的本单位的特种设备安装许可证书复印件等基础资料。施工告知不是行政许可，施工单位完成告知后即可施工。[①]

为了进一步方便企业，简化手续，规范特种设备安装改造维修告知行为，质检总局办公厅在 2009 年和 2013 年下发了针对特种设备安装告知要求的两个通知文件，告知工作程序按 2013 年质检总局通知文件要求进行。

（二）监督检验工作约检

安装告知完成后，施工单位根据施工进展情况向当地承担相应范围的监检机构申请监督检验，并按照监督检验规范的要求准备和申请资金，主要包括：①填写约检申请表；②提交特种设备安装/改造/维修告知书；③提供施工合同（相关特种设备安装部分的内容）；④特种设备安装的施工方案及计划；⑤施工使用的特种作业人员的资格证明；⑥特种设备（拟安装/改造/维修的）随机质量证明文件等。

需特别指出的是机电类特种设备监督检验还需要提供：①电动葫芦的型式试验报告；②整机型式试验证明或样机型式试验申请表；③特种设备中使用的安全保护装置的型式试验报告；④各类特种设备监督检验约检需要具体的申请资金要按照当地承担监督检验的监检机构要求进行准备。

约检申请资金审查通过后，监督检验约检成功，如审核不通过，需要按照当地承担监督检验的监检机构要求进行补充资料，直到审核通过。

（三）安装监督检验工作的实施

约检完成后，监检机构应制订监督检验实施方案，安排符合规定要求的检验人员从事监督检验工作，并将监检方案（包括监检项目和要求）告知安装单位，以便在监督检验工作中做好配合工作。

监督检验应该在企业自检合格的基础上，必须按照国家特种设备监督管理部门颁布的关于监督检验的安全技术规范进行，主要内容有以下几个方面：①对受检单位资格和能力及质量管理体系运转情况进行抽查；②对特种设备出厂技术资金进行确认；③对安装过程中涉及安全性能的项目确认核实；④对安装实体质量进行必要的复检确认；⑤对施工过程形成施工技术记录及施工归档资料进行审核；⑥在监督检验过程中根据发现的问题，发出工作联系单或意见通知书；并督促受检单位按时整改；⑦全部监督检验工作完成后，查出

① 张剑敏.谈如何做好特种设备安装监督管理工作[J].设备管理与维修，2014（S1）：79-80.

问题整改完成后，出具监督检验报告。

（四）监督检验报告

监督检验工作完成后，安装工程行为及质量符合规范要求，监督机构应及时出具监督检验报告。

监督检验报告一式三份，监检机构、安装单位和使用（建设）单位各一份。

（五）监督检验报告的存档

取得监督检验证书或报告，使用（建设）单位要及时归档保存，防止遗失。

按照《中华人民共和国特种设备安全法》或规范的要求应进行监督检验的特种设备没有经过监督检验合格，并提供监督检验报告（原件），将无法进行特种设备安装告知工作，无法进行特种设备注册工作，无法办理特种设备使用许可手续。

购买应进行制造监督检验而没有经过制造监督检验合格的特种设备的行为以及使用应进行安装监督检验而没有经过安装监督检验合格的特种设备的行为都是违犯《中华人民共和国特种设备安全法》的行为。

三、特种设备监督检验、定期检验工作实施要点

第一，不是所有的特种设备安装都需要办理安装告知手续。简单压力容器和《固定式压力容器安全技术监督规程》（ TSG 21—2016）中 1.4 条款范围的压力容器的安装不需办理安装告知手续。

第二，不是所有的特种设备的生产制造都需要进行制造监督检验，需要提供制造监督检验证书。按照《中华人民共和国特种设备安全法》的要求，国家对锅炉、压力容器、压力管道元件等特种设备的制造过程实施制造监督检验，这几类特种设备的随机质量证明文件中，需要提供制造监督检验合格证。

第三，不是所有的特种设备的安装、改造、重大修理过程都需要进行监督检验工作。按照《中华人民共和国特种设备安全法》的要求，国家对锅炉、压力容器、压力管道、电梯、起重机械、客运索道、大型游乐设施的安装、改造、重大修理过程，应当经特种设备检验机构按照安全技术规范的要求进行监督检验。

按照《固定式压力容器安全技术监察规程》（TSG 21—2016）（2016年10月1日开始实施）的要求，压力容器的安装工作不再实施安装监督检验工作，压力容器的改造、重大修理工作实施监督检验工作。

按照《起重机械安装改造重大修理监督检验规则》（TSG Q7016—2016）的要求，起重机械安装监督检验实施目录管理，共有 6 类 20 种起重机械实施安装监督检验工作。火力发电厂常使用的通用桥式起重机实施安装监督检验工作。

按照《起重机械定期检验规则》（TSG Q7015—2016）的要求，火力发电厂常使用的

电动单梁起重机安装完成后按照规范实施首次检验工作。火力发电厂的建设和在役运行工作，不涉及客运索道、大型游乐设施。

第四，特种设备的定期检验周期是不一样的，各类特种设备有各自的检验周期。火力发电厂在役运行中，涉及的各类特种设备的检验周期。

根据《锅炉监督检验规则》（TSG G7001-2015）的规定，锅炉的定期检验周期为①锅炉外部检验，每年进行一次，也可在锅炉运行状态下进行；②内部检验，电站锅炉的内部检验工作结合锅炉检修同期进行，一般每 3 ~ 6 年进行 1 次；电站锅炉首次内部检验应在锅炉投入运行后 1 年进行。

根据《固定式压力容器安全技术监察规程》（TSG21-2016）的规定，金属压力容器一般于投用后 3 年进行首次定期检验，以后的检验周期由检验机构根据压力容器的安全等级来确定，每次定期检验时，要评价压力容器的安全状况等级，根据压力容器的安全状况等级在检验报告中给出下次检验时间，安全状况等级为 1 级和 2 级的，检验周期一般为 6 年；安全状况等级为 3 级的，检验周期一般为 3 ~ 6 年；安全状况等级为 4 级的，监控使用，检验周期由检验机构确定，累计监控时间不得超过 3 年；安全状况等级为 5 级的，应当对缺陷进行处理，否则不得继续使用。

根据《起重机械定期检验规则》（TSG Q7015—2016）的规定，桥式起重机的检验周期为 2 年。

根据《电梯监督检验和定期检验规则——曳引与强制驱动电梯》（TSG T7001—2009）的规定，电梯的检验周期为1年。

根据《压力管道安全技术监察规程——工业管道》（TSG D0001—2009）的规定，GC1，GC2 级的压力管道检验周期一般不超过 6 年，基于风险的检验（RBI）的检验周期一般不超过 9 年；GC3 级的压力管道检验周期一般不超过 9 年；发电厂内所属压力管道的定期检验工作应结合机组检修工作同期进行，一般每 3 ~ 6 年进行 1 次。

第五，火力发电厂建设期间特种设备监督检验的几点建议：①火力发电厂特种设备的监督检验和定期检验工作应与金属监督检验工作紧密结合，制订监检方案和监检项目时，要结合《火力发电厂金属技术监督规程》（DL/T438—2009）的要求；②火力发电厂锅炉、压力容器的监督检验和定期检验工作，应当在检验工作中贯彻和落实《电力工业锅炉压力容器监察规程》（DL 612—1996）、《电站锅炉压力容器检验规程》（DL 647—2004）的要求；③火力发电厂建设期间的特种设备的安装监督检验工作是符合性检验，不能代替施工现场的自检和验收工作，是在施工单位自检合格的基础上进行的。监理和业主进行验收后进行抽样审查和检验，所以安装监督检验工作不仅是施工单位一家单位的工作，也需要建设方、监理方的支持和配合，才能使监督检验工作顺利进行；④施工单位要正确对待特种设备安装监督，对检验工作中查出的问题要进行认真整改，并举一反三，自查自纠，保证特种设备的安装质量。

第四节　特种设备检验的数字化推广应用思考

一、特种设备检验报告的作用与时效性

（一）特种设备检验报告的作用

特种设备检验报告是特种设备检验机构对所检特种设备出具的反映其安全技术客观状况的一种技术文书。其作用表现为以下几点：一是检验机构直接传达给特种设备的使用单位有关特种设备安全性能的信息，用户将根据特种设备检验报告内容和结论来处置各种问题——修理、改造、办理登记使用（使用、改造凭据作用及修理、保养工作中的参考作用）；二是直接传达给特种设备的监督管理部门（安全监察机构）有关特种设备安全状况的信息，监管部门将根据特种设备检验报告结论来采取各种各样的行政措施——注册、注销、处罚等（行政决策中起技术支撑作用）。

（二）特种设备检验报告的时效性分析

1. 时效性的内涵

抛开特种设备检验报告的内容客观公正性要求外，根据其功能作用，时效性是特种设备检验报告最突出的本质属性，它是衡量一个检验机构效率的重要体现。特种设备检验报告时效性的含义有两点：一方面是指检验机构在尽可能短的时间内，对所检设备的安全状况做出明确的判断，用最快的速度把安全状况信息传输到用户和监管部门，为确保特种设备安全运行赢得宝贵的时间（注册使用或修理改造），为使用单位提供最大的便利，减少使用单位的待时损失；另一方面是指特种设备检验报告的本身“寿命”也是有时间规定的，即使是一份检验结论为合格报告书也只有在检验周期内是有效的，逾期则无效。因此，特种设备安全技术规范明确将特种设备检验报告存档保存时间要求不少于 5 年；监督检验、首检报告要求长期保存。目前特种设备检验机构在检验（包括复检）工作完成后，根据特种设备种类不同，规定了出具检验报告具体日期，多数检验规范要求在 10 个工作日内出具，少数如《固定式压力容器安全技术监察规程》（TSG 21—2016）规定 30 个工作日内出具。

2. 时效性的现状分析

定期特种设备检验报告通常都是一式两份，监督检验和首次特种设备检验报告一式三份。特种设备检验报告出具的程序一般由检验、审核、批准人员签字，加盖检验机构检验专用章或者公章后，一份交给用户、一份给安装修理单位、一份存档，特种设备检验报告到用户手上的时间往往都要在半个月以上。最让用户头痛是从报检、签订协议、过程检验、取报告、再去办理注册登记等过程，按平均每个单位来回 3 趟计，本市区内每趟花费交通

费和工时费计100元，外省市的施工单位花费就更多。就南通市这个中等城市而言，据调查，特种设备用户和安装维修单位每年因此而花费1000万多元。由此可见，检验申报、报告领取工作给社会上造成了人力物力极大的浪费。在某种程度上给检验机构造成莫大的负面影响，以致多年来检验机构一直都有大量的定期特种设备检验报告无人领取的现象，此类特种设备检验报告时效性就根本无从谈起，这样的报告也就失去了它的意义，换句话讲也意味着检验失去应有的意义。为了彻底扭转以上局面，有效降低人力物力的浪费，充分发挥其时效性，本书仅从检验机构报告发放和归档环节上来谈一点儿对特种设备检验报告数字化推广应用的认识。

二、特种设备检验数字化推广应用的设想

在当前举国号召低碳环保经济情形下，作为特种设备检验数字化推广应用首先可以尝试从检验报告电子化发放和归档入手，本书认为这不仅是完全可行，而且也非常必要。

（一）传统模式存在的弊端

目前我国已进入电子信息化时代，基于物联网、互联网各式各样电子政务商务平台的应用已经深入到千家万户，而特种设备检测检验仍旧以出具纸质报告、制证、加盖印章、物流、管理的模式服务于特种设备的使用单位和监督管理部门，弊端很多，如上所述，时效性不能保证，费财费力，更主要的安全性、保密性差，纸质的检验报告使用者不仅难以取得充分的安全技术状况信息，而且其真实性一般人员难以甄别，容易造成误判、错判等。

（二）电子化模式的优点

（1）电子报告高效、安全可靠。随着CA技术的广泛应用，一份采用加密算法、数字签名等国际先进新技术制成的特种设备检验报告，将完全实现检验出证电子化、归档数字化，在方便用户和提高效率的同时也完全可以消除纸质报告的造假现象，使特种设备检测检验更具有公信力。电子的特种设备检验报告具有信息量大、保密性强、便捷度高、流通性好、低成本、可追溯、准确高效、便于综合利用等特点，能够在各种类型电子设备和电子载体中查看验证，不仅能够大幅提高特种设备检测检验的效率和可信度，而且将会不断提升科技兴检服务水平[①]。

（2）电子报告发放可确保时效性。特种设备检验报告电子化发放，用户和监督管理部门在第一时间内能得到充分的安全技术状况信息，为确保特种设备安全运行赢得宝贵的时间，给用户提供了很大的方便，是对特种设备的生产、使用、安装改造、维护保养单位落实相关责任，自主确定设备安全等工作质量的判定有了明确的节点，完全能做到无缝对接，把主体责任真正落到实处，其时效性是最能得到保证的。

① 张丽亚，黄为齐.特种设备检验数字化推广应用研究[J].石化技术，2020，27（08）：212-213.

（3）电子报告发放可增强监管能力。对于监管部门而言，规范并推广应用特种设备检验报告电子报告、证书，一方面，有助于打击假冒、伪造报告、证书等违法行为。以往监管的手段主要依靠核查纸质报告、证书，既不便捷，也不可靠。同时纸质报告、证书无法做到数据标准化和结构化，不同监管部门之间难以做到检验报告数据共享，给协同监管带来诸多不便。使用电子的特种设备检验报告、证书则可完全解决这些问题。另一方面，使用电子特种设备检验报告、证书也能促使监管模式的创新，通过技术手段强化监管能力，提高特种设备监管的广度深度、动态变化的有效性、准确性和前瞻性。实现检验报告电子化运作，能更有效、更充分地发挥安全监察网的作用，质监部门通过网络巡查，排查各种特种设备安全隐患非常便捷，全覆盖、无缝对接才能切实可行，行政效率才能真正得到提高。

（4）电子报告发放可降低多方成本。对于检验检测机构而言，使用电子报告、证书取代原有的纸质报告、证书，按照平均每份报告、证书成本 15 元计算，以南通市特检机构每年出具 15 万份各种类型特种设备检验报告为例：使用电子检验报告、证书取代纸质报告、证书，可节约出具报告、制证、物流、管理等成本 200 多万元，不仅给机构带来可观的经济效益，而且对服务品牌提升、档案管理都带来多方面的便利。对施工单位和使用单位人力物力可节约成本更为可观，节省费用远超检验机构 5 倍以上。当然，检验检测机构检验报告数字化推广应用先期的软件投入和日常维护管理需要一定成本，先期投入既可与企业共建，也可立项争取当地政府部门技改经费支持。因为特种设备检验报告数字化推广应用，能节省大量的人力物力，深受用户的欢迎，更符合当前低碳环保精神，社会效益巨大。

（三）电子化发放和归档的理论透视

1988 年 1 月 1 日实施的《档案法》第二条中所列举的档案的种类，就将电子文件列入其中，确定了电子文件法律地位，国家档案局先后发布了如《电子公文归档管理暂行办法》《电子档案移交与接收办法》等一系列部门规章，以及国家出台了如 GB/T 18894—2016《电子文件归档与电子档案管理规范》、DA/T 31—2017《纸质档案数字化规范》等一系列标准，由此可见特种设备检验报告电子化发放和归档是有法可依、有章可循的。

（四）电子化发放和归档的具体实施

检验报告通过电子签名、电子盖章和电子传输等手段，各使用单位和监督管理部门根据赋予的权限均能在第一时间内获取检测报告信息，且均可在线实时浏览跟踪，在确认报告完成后根据需要按密钥还可使用“报告查询打印”界面直接自行打印出检测报告，无需到检验机构领取，检验机构通常情况下不再打印发送和归档纸质报告，而是实时保存电子数据，定期由专人上传到用户网络和专用电脑上完成特种设备检验报告的发放和归档，并按照电子文档归档要求，定期刻录成光盘备份存档保存，真正实现特种设备检验报告本质属性，并为数字档案建设创造良好条件。

三、特种设备检验数字化推广应用前景

当前特种设备检验机构面临整合重组、大变革、大发展时机，国家将特种设备检验机构定位为从事公益性服务业、科技服务业的重要门类，检验机构生存和发展，做大、做强、做优成为必然趋势。移动互联网、大数据技术日新月异的发展也将会对特种设备检验模式产生深远影响，为此，打造“互联网 + 检验”新业态，利用互联网、物联网等领域的创新成果，加快检验流程数字化的推广应用，以更好地适应新常态下对检验机构形态和模式变革的挑战，只有拓展服务，应用新技术，才能确保综合能力提升。另外，在线检验、现场录入、远程审核、电子化发放、数字化归档也显著提升了特种设备检验中安全质量管控中的精准度和时效性，有助于实现特种设备全生命周期、全过程、全域化的全面安全管理和质量管理，其推广和运用利国利民，势在必行。

参考文献

一、著作类

[1] 国家质量监督检验检疫总局 . 特种设备安全监察 [M]. 北京：中国质检出版社，2014.

[2] 金樟民 . 机电类特种设备实用技术 [M]. 北京：机械工业出版社，2018.

[3] 文应财 . 特种设备安全管理 [M]. 贵阳：贵州科技出版社，2017.

二、期刊类

[1] 蔡寻，孙欣禹 . 我国特种设备检测技术的现状与展望 [J]. 居舍，2019（26）：175.

[2] 陈嘉川 . 试析特种设备管理的本质安全 [J]. 中国设备工程，2018（12）：20–21.

[3] 窦凯奇 . 起重机械安装改造维修问题及处理措施 [J]. 技术与市场，2020，27（12）：165+167.

[4] 耿建梁 . 常见电梯安装施工方法的特点及选用 [J]. 中国电梯，2019，30（24）：53–56.

[5] 宫俊峰 . 浅谈特种设备的监督检验和定期检验 [J]. 中国设备工程，2017（10）：66–68+72.

[6] 郭泽宇 . 中国特种设备检验检测市场化研究 [D]. 长春：吉林大学，2015.

[7] 胡建亮 . 石油化工管道安装常见问题分析及质量控制 [J]. 化工设计通讯，2018，44（07）：23–24.

[8] 姜磊，金路，黄浩 . 压力管道安装质量常见问题分析 [J]. 特种设备安全技术，2020（06）：25–26+40.

[9] 金鑫 . 浅析特种设备的安装、检测与维护 [J]. 现代制造技术与装备，2018（08）：151–152.

[10] 刘宾 . 锅炉安装常见问题及其质量控制要点 [J]. 工程建设与设计，2019（24）：131–132.

[11] 刘志龙 . 压力容器安全附件的选用与安装 [J]. 机械工程师，2014（10）：231–232.

[12]骆梅英，谭清值.论特种设备检验检测的市场化及其限度[J].宏观质量研究，2015，3（02）：89–98.

[13] 苗沛杰 . 压力管道安装质量常见问题及分析 [J]. 门窗，2019（14）：201–202.

[14] 乔业程，陈诚 . 特种设备安全形势与对策 [J]. 智富时代，2018（05）：213.

[15] 宋继红 . 特种设备安全形势与对策 [J]. 压力容器，2013，30（12）：1–7+37.

[16] 万西钊 . 浅议火电厂特种设备定期检验与金属监督检验 [J]. 中国设备工程，2019（16）：98–100.

[17] 王宏义，王玉震 . 特种设备安装后的一次检验 [J]. 劳动保护，2009（09）：82–83.

[18] 肖玉明 . 特种设备检验数字化推广应用研究 [J]. 质量与市场，2021（02）：62–64.

[19] 徐蓉 . 加强特种设备安全治理的几点思考 [J]. 华北科技学院学报，2019，16（06）：120–124.

[20] 薛鹏 . 无损检测技术在特种设备检验中的运用探讨 [J]. 科技风，2020（29）：5–6.

[21] 薛玉宝 . 锅炉安装过程中常见问题及质量控制要点分析 [J]. 农家参谋，2018（08）：227.

[22] 杨柳，陈奎 . 我国特种设备检测技术现状及发展趋势 [J]. 商业故事，2015（08）：16.

[23] 张怀阳，刘成龙，聂虎啸 . 特种设备安装平面控制网建立方法 [J]. 地理空间信息，2017，15（08）：27–29+9.

[24] 张剑敏 . 谈如何做好特种设备安装监督管理工作 [J]. 设备管理与维修，2014（S1）：79–80.

[25] 张丽亚，黄为齐 . 特种设备检验数字化推广应用研究 [J]. 石化技术，2020，27（08）：212–213.

[26] 赵杰明 . 火电厂特种设备定期检验与金属监督检验的思考 [J]. 现代制造技术与装备，2017（12）：163+165.

[27] 赵中艳 . 压力容器安装过程质量控制建议 [J]. 中国设备工程，2020（01）：100–102.

[28] 周雅勃，郁志强 . 解析特种设备监督检验及定期检验 [J]. 中小企业管理与科技（上旬刊），2016（02）：276.